森林培育与林业生态建设

王 瑶 著

吉林科学技术出版社

图书在版编目（CIP）数据

森林培育与林业生态建设 / 王瑶著. -- 长春 ：吉
林科学技术出版社，2020.8
ISBN 978-7-5578-7134-5

Ⅰ．①森… Ⅱ．①王… Ⅲ．①森林抚育②林业－生态
环境建设 Ⅳ．①S753.S718.5

中国版本图书馆CIP数据核字（2020）第 074059 号

森林培育与林业生态建设

著　者	王　瑶
出 版 人	宛　霞
责任编辑	端金香
封面设计	李　宝
制　版	宝莲洪图
幅面尺寸	185mm×260mm
开　本	16
字　数	210 千字
印　张	9.5
版　次	2020 年 8 月第 1 版
印　次	2020 年 8 月第 1 次印刷
出　版	吉林科学技术出版社
发　行	吉林科学技术出版社
地　址	长春净月高新区福祉大路 5788 号出版大厦 A 座
邮　编	130118

发行部电话/传真　0431—81629529　　81629530　　81629531
　　　　　　　　　　　　81629532　　81629533　　81629534

储运部电话　0431—86059116

编辑部电话　0431—81629520

印　刷	北京宝莲鸿图科技有限公司
书　号	ISBN 978-7-5578-7134-5
定　价	55.00 元

前　言

　　森林资源是一种重要的生态资源，对促进社会进步、人民文化的发展具有重要的意义。我国的森林资源十分丰富，但由于生产木材的需求导致了大面积的砍伐森林，致使生态系统被破坏。近年来在全国推广试行的植树造林、保护环境、退耕还林等项目一定程度上恢复了生态环境的样貌，但森林资源的破坏、林业的发展依旧是需要我们高度重视的问题。本书阐述森林培育对生态环境的意义，分析建设生态环境时所面临的问题，探讨解决方案，力求为我国森林培育和生态环境建设的进程提供参考。

　　生态环境是人们生存发展的基本条件，但工业时代初期以环境、资源换取经济利益的方式严重破坏了生态平衡，也对经济的长期稳定发展造成极大的限制，难以满足人们对木材的需求，不利于森林培育工作的开展。

　　在长期生态平衡及可持续发展理论的影响下，人们积极运用生物、物理、化学等手段开展生态林业种植，针对已经退化或是退化较为严重的生态环境加以治理和改善，以期能够早日恢复我国壮丽山河。这是我国实现长期可持续发展战略的基本方法和基本建设方针，它需要几代人的共同努力。

　　森林培育顾名思义就是通过进行大面积种植树木，达到扩大森林面积、丰富树木种类、丰富森林资源的目的，并为人类生产、生活提供充足的能源和原料，构建更加优质的生存环境。森林培育对象有人工林和天然林两种，而培育内容有苗木培育、种子选择、森林营造、森林立地以及森林赋予等，森林培育不仅有利于改善环境，增加木材生产量，创造更多的就业机会，同时它也对我国的社会主义经济建设和生态建设有着巨大的推动作用，有利于促进我国经济定向化、集约化发展，全面提升整体生态环境质量。

目　录

第一章 森林培育的基本理论

第一节 森林培育技术的研究

在可持续发展大环境下，森林效益理论等得以提出，但受到国家发展战略以及国情等因素的影响，森林培育技术的运用也存在一定差异。本节主要从繁殖阶段、育种计划、育种栽培措施、森林管理方法这四方面入手，对森林培育技术进行探究，旨在提升森林培育水平，为我国林业的健康发展提供内在支持，仅供相关人员参考。

在生物技术的支持下，传统育种方式得以转变，森林培育技术水平也有所提升，随着转基因生物技术的发展，转基因植物培养得以实现，植物结构有所优化。以微繁技术为支持，现代化智能温室兴起，为森林幼苗的快速发展提供了支持，容器育苗技术也进一步提高，改良品种与无性系的繁殖得以实现，林木育种周期有效缩短，繁殖推广也顺利推进，这就为林业的快速发展提供了可靠支持，因此对森林培育技术展开探究是非常重要的。

一、繁殖阶段

就我国林业发展情况来看，育种事业起步相对较晚，但近年来社会关注度明显提升，重要树种育种工作也收效显著。杨树育种方面，诸多优秀品种得以培育，生长量也接近20%，木材密度有所提升，约为3%，纤维含量增加了2%以上。桉树方面，育种方式上仍采取常规养殖，并以分子遗传工程研究来进行配合，从而达到良好的繁殖效果。随着森林培育技术水平的不断提升，无性系育种得以实现，抗性育种也成为森林培育工作中的重点内容，随着林业重点科技项目规划的落实，森林培育技术不断发展，树种选择、杂交育种、无性繁殖等都得以实现，树木幼苗及桉树基因库得以建立，这就为森林培育事业的发展打下良好的基础。

二、育种计划

育种计划。在美国森林培育实践工作中，育苗容器的育种计划具有较强的系统性，育种程序规范，育种技术独特。在松树育种技术中，于松树容器中培养幼苗，技术改进主要从高速增长期入手，也可从木质化的三期生长期入手，通过技术改进来提升育种水平。在种子萌发阶段,规范植被幼苗基片,针对森林培育需求科学选择容器,规范做好播种、覆土、浇水、施肥等工作,以确保满足苗木生长需求。应当注意的是,在育种过程中要控制好酸度和盐度,令幼苗控制与环境控制都达到一个理想的效果,增强幼苗的生命力,促进森林培育质量的提升。

种子处理技术。在森林培育过程中,种子处理是育种过程中的重要环节,一般情况下,为促进环境质量改善,提升木材产量,基于地区海拔情况出发,以耕地之外低产农田为对象,对阔叶林进行种植,以达到良好的森林培育效果。专家学者们对于森林培育的研究不断深入,在欧洲灰橡木、欧洲甜樱桃以及英国乡土树种等的培育过程中,要基于树种类型及特征出发,在深入研究的基础上确定最佳的种子处理方式,制定科学且适宜的种子加工技术体系,对种子进行合理处理,以种子的储存条件、环境控制、种子发芽等作为重要环节,落实管理与控制,并建立种子处理相关技术标准,从而切实达到良好的种子处理效果,为森林培育效果的改善奠定基础。

体细胞胚苗生产技术。苗木种植过程中,林木体细胞研究正处于发展阶段,针对不同类型物种来说,体细胞胚胎发生过程物种的建立,需要立足实际情况出发,在综合分析的基础上,对体细胞胚苗生产系统进行建立,并在实际育种过程中不断完善,以达到良好培育效果。对于种子包衣技术的合理应用,需明确应用对象,一般适用于大规模生产的种子,但要注重幼苗培育技术水平的不断提升,以免影响实际培育质量。

苗木施肥技术。对于容器苗来说,在育苗过程中要科学控制施肥量,所应用的幼苗鲜重控制机制应当具有准确性。美国育苗技术人员逐步开展深入研究,对于苗木生长相关数据进行积累,据此来对苗木生长状况与养分供应之间的内在关系进行分析,并掌握苗木生长规律,定期监测幼苗鲜重,此种方式下,能够全面了解幼苗在不同阶段下体重情况,分析其生长情况,进而对施肥方式、种类及数量等进行确定,以提升苗木施肥的科学性。

灌溉水质量控制。森林培育过程中,为加强育种质量控制,必须要对灌溉水质量加以控制,确保其达到森林培育相关标准。森林培育过程中,要基于精密化原则来控制灌溉水质量,以专用设备为支持,确保设备使用功能优良且精准度较高的情况下,定期测量灌溉水的 PH 值,科学分析灌溉水相关指标,包括金属离子含量、杂草种子以及藻类情况等,进而对灌溉水的水质加以确定,以便采取有效的控制措施,为森林培育工作的顺利开展提供可靠支持。美国在森林培育方面逐步实现了精密化的灌溉水质量控制,但我国森林培育过程中,对于灌溉水质量的研究有待进一步深入,灌溉水质量控制也不到位,灌溉水 PH 值并未经过精准测定,相关检验也不到位,对于金属离子含量以及藻类含量等的把握不到位,此种情况下,森林培育过程中要基于实际情况出发,采取有针对性的措施来控制灌溉水质量,从而全面提升森林培育质量和效果。

三、育种栽培措施

森林育种栽培技术中需要非常注重培养种植密度的控制，一般来说，造林密度每公顷为 2000 株，25 年收获的每公顷 1000 株，纸浆和木材林，种植密度和纸浆林是一样的，但是 16 年时，每公顷 500 株为标准，木材林 30 年周期轮换，造林密度每公顷 750 株，最后保留与林分密度相同。例如，如果培育纸浆林，普遍认为是最好的密度为 3×3 米，不仅有利于桉树生长一茬，也为后期培育管理提供适当的空间，有利于林间实行机械操作。2×2 米的间距适合于培养较大规模的木材间距。

四、森林管理方法

土壤养分管理。在美国南部，森林培育过程中落实管理，尤其是在火炬松林以及针叶林种植过程中，以科学技术为支持定期监测土壤状况，了解种植条件，并采取科学的种植管理方法，对树体营养成分进行科学分析，保证分析的规律性，明确土壤条件的基础上，分析土壤类型及在森林管理过程中的施肥量，以确保土壤养分合理，满足森林培育要求。在森林管理过程中，对于桉树、杨树和毛竹林地来说，要全面了解土壤养分和施肥情况，在深入研究的基础上，对林地土壤养分管理精度进行确定，从而达到良好的土壤养分管理效果，促进森林培育质量的提升。

森林凋落物和采伐剩余物管理。森林培育过程中，为达到良好的效果，必须要科学管理森林凋落物和采伐剩余物。在种植园内，森林残留凋落物应当进行严格保护，为确保满足返回林地的具体要求，需以专用机械设备来对森林残留凋落物进行切割破碎处理，特殊情况下可多次进行切割破碎，从而更好地返回林地，对林地较高生产力进行合理维持。森林残留凋落物往往会对树木生产产生一定影响，因此在森林培育过程中，要加大剩余物管控力度，科学制定试验模式，对收益和回报进行确定，确保土地长期增长力量维护的科学性，令森林培育达到一个理想的效果。

大径材培育无节。在美国西部，大径无节材的培育，以道格拉斯杉为典型代表，在管理过程中，需要对密度加以确定，为达到良好的森林培育效果，可令初植密度与收获密度相同。在修剪方法上，令直径固定，之后以数量、规模等作为具体指标，加以科学控制，并令木材处于干燥状态，于其周围形成无节优质木材，令其厚度适宜，从而加强森林培育质量控制。在我国，杉木无节培育研究有所推进，但有待进一步深入，以达到良好的森林培育效果。

综上所述，在发达国家，随着科学技术水平不断提升，森林培育水平也逐步提升，能够实现自动监测森林资源和生态环境实际情况，并对各项数据信息进行自动化处理，森林培育也进入到智能化阶段。但就我国森林培育技术发展情况来看，与发达国家相比仍处于落后地位，在自动化控制等方面存在一定不足，森林培育技术水平也受到制约。因此在新时期下，要基于先进技术来开展森林培育，建立人工智能计算机辅助系统，提升森林培育技术水平，提升森林培育质量，促进高效节能目标的顺利实现。

第二节 森林培育原则探讨

指出了森林是地球生物圈的重要组成部分，对维持地球生态平衡有着不可替代的作用，森林不仅能够涵养水源、保持水土、净化空气，还能够给人类提供丰富的植物、标本和木材。对森林培育工作的原则进行了分析，并探讨了森林培育工作的策略，以期对森林培育工作有所借鉴和参考。

森林是人类珍贵的自然资源，它可以利用树木将太阳能或其他物质之间的生物转化，为人类提供生存所需的食物、原材料和生物能源，同时还可以保护人类现有的生存环境。然而随着科学技术的不断进步，人们对自然的破坏也日益严重，最直接的表现就是森林面积锐减。为了保持地球良好的生态系统，就必须扩大森林面积，而森林的形成和发育离不开森林培育的优化，只有坚持正确的森林培育原则，才能促进森林的良好发育，更好地发挥森林对社会及自然的作用。

一、森林培育工作的现状

我国人口众多，幅员辽阔。近几年来的森林培育理论和技术也都有了突飞猛进的发展，但是我国人均森林资源占有量并不高，和世界平均水平相比还存在很大的差距。为了改善森林资源不足的局面，我国进行了一系列的封山育林、造林绿化工程，并取得了一定成效。以湖南省为例，该省自改革开放以来开始实施飞播育林、工程造林，1993 年成为全国第三个消灭宜林荒山的省份；1998 年，全省林业面积为 13797 万亩，林业用地利用率为 76.2%，森林覆盖率为 51.7%，森林蓄积量为 2.75 亿 m^3；2010 年时，上述数字对应变为 15992 万亩、88.2%、55.1%、4.04 亿 m^3，造林成效十分显著。但其存在的问题也很明显：一是资源总量丰富，人均占有量较低；二是呈现东北少、西南多的分布不均的格局；三是内部比例不当；四是单位面积产量不高。

目前，我国的森林资源无论是在总量还是质量上都还十分有限，尤其在经济高速发展的今天，人类生产生活的各个领域对森林资源的需求都出现了爆发式的增长，导致现有的森林资源储量出现严重不足，并使得人口众多和森林资源供给不平衡的矛盾越发明显。从我国现有的森林资源来看，多数林木为幼型树木和中型树木，需要较长的生物生长培育周期，这使得资源供给的缺口越来越大。此外，我国森林资源分布极不合理，西部和西北地区的森林资源分布较少，东北、东南地区的森林资源则相对丰富。这种资源分布形势使不同地区的森林培育内容和培育重点都出现较大的不同。因此，在国内森林培育过程中，仍然有一部分地区缺乏相应的森林培育工作体系，在开发时只注重经济效益，并且在造林后没有及时开展有效的森林抚育和管护工作，从而导致森林培育工作的质量较低。

二、森林培育工作的意义

维持生态平衡。森林是地球之肺，它不仅可以通过光合作用吸纳空气中的 CO_2，释放 O_2，还可以改善整个地球的生态环境和生态系统。然而自进入 21 世纪以来，随着科学技术的发展和人类社会的进步，人们对森林的破坏也在不断加剧，乱砍滥伐使得森林面积骤减，生态系统遭到严重破坏。因此，加强森林培育是保持森林面积和改善自然环境的重要方式，可以加快森林的形成，使森林成为一种可再生的自然资源。

促进经济社会发展。森林培育工作在美化环境的同时，还能够为人类的经济活动提供大量的资源，促进人类经济社会的发展。森林在农业领域发挥着举足轻重的作用，无论是在林业、渔业还是牧业中，森林资源都是农业系统的重要组成部分。它在增加土壤肥力的同时，还能防止水土流失，促进农牧业的长期发展。而对于工业来说，不管是建设什么样的工业项目都需要用到木材，可见森林培育工作不仅是林业本身发展的需要，还能促进其他产业的发展，提高居民收入，促进经济社会的发展。

三、森林培育工作的原则分析

系统性原则。在开展森林培育的过程中，各部门要坚持系统性原则，将森林培育看成系统中的一部分。要做到这一点，政府要做到以下几个方面：首先要做好舆论宣传工作。有关宣传部门要加大对森林培育工作的宣传力度，让人们都认识到培育森林的重要性，自觉自发的参与到森林培育工作中去，有意识的保护周围环境。只有每个公民都意识到森林培育工作的重要性，森林培育工作才能得到更进一步的开展，培育措施也才能得到更好的实施。其次，政府要积极进行制度改革，颁布退耕还林的政策，从而减少人们对森林的破坏。并且，必须针对乱砍滥伐的行为进行严厉的处罚，保证森林培育工作不受到人为破坏。最后，相关部门应该加大对森林的看护力度，定期对森林看护人员进行知识和技能培训，提高看护人员的工作能力和工作素质。当然，在森林培育过程中，各部门还可以将森林培育和养殖业、渔业及农业结合起来，形成一个农林牧业有机整体，有意识地将森林融入人类生产、生活中去，从而使森林培育也成为人们生活中的一个组成部分，促使人们自发的去保护森林生态系统。

可持续发展原则。虽然森林本身就是一种可再生资源，但是其生长周期较慢，落后于人类砍伐树木的速度。因此，自然生长的树木无论是在数量还是在质量上，都比不上遵循可持续发展原则的森林培育。因此，在森林培育过程中，相关部门要严格遵守可持续发展原则，在砍伐的树木的同时进行森林培育。比如，每次砍伐掉一棵树，部门就要立即培育一棵树，这就能保持树木的可持续发展，还要防止有些部门在森林培育过程中重视短期利益而忽视了森林的发展。在21世纪，有些生物已遭遇灭绝，还有很多物种濒临灭绝。因此，为了维持生物多样化，必须及时采取相应措施，提高森林培育速度。

综合效益原则。森林培育不是一个短期工作，它需要遵循综合效益原则，在森林发展过程中，要优先考虑生态效益，避免因经济效益而忽视生态效益。当然，森林生态建设和经济建设并不是完全对立的状态，最好的发展方式应该是坚持生态效益和经济效益两手抓的原则，关注森林培育工作对自然环境和生态系统的重要作用，而不是为了短期的经济利益，将一个光秃秃的生态系统留给后代。坚决不走资本主义国家"先破坏后治理"的路线，要将森林资源产生的部分经济效益用于生态环境保护，还要增加对森林培育工作的资金投入，在提高经济效益的同时兼顾到生态利益。最后，相关部门还可以建立专门的林业培育基地，防止沙漠的蔓延。经济发展的本质就是提高人民生活水平，而良好的生态环境则是提高人民生活质量的重要前提。

四、森林培育工作的策略探讨

提高森林培育质量。首先，要改善林区职工的思想意识，使他们认识到森林培育工作的重要作用，树立森林培育质量管理目标，打造优质的森林培育团队。其次，严格执行森林培育的质量管理规定，以搞好良种选育为培育起点，强化对良种的选择与收集，积极开展种苗资源研究，加大良种基地的基础设施投资，切实搞好抚育管理工作，密切关注森林培育的各种风险因素，制定完善的病虫防治工作机制及森林火灾扑救预案。另外，鉴于当前森林质量低、效益差的现状，要从改善林分结构、林龄结构入手，加强混交林特别是阔叶林建设，借助新造与改培，积极建设珍贵树种基地，通过各种途径调整林龄结构，提升森林利用率。

既往研究表明激素受体ER、PR表达情况并不影响nSLN的转移，本研究中亦得到了相似的结论。当雌激素受体ER阳性时，nSLN转移率为46%（26/56）；而当ER为阴性结果时，nSLN转移率为25%（2/8）。孕激素受体PR阳性时，nSLN转移率为48%（25/52）；而PR阴性时，nSLN转移率为25%（3/12）。单因素分析结果显示，组间差异P值分别是0.253和0.146，无统计学意义。

想要更好地进行森林培育工作，政府必须尽可能完善并加强对森林培育工作的宏观调控。首先，在国家层面，政府首先要对森林培育工作做出明确的规范和规定，建立森林培育工作的前提保障；其次，在政策层面，应给予森林培育工作一定的资金支持和政策支持，尤其是在森林培育工作前期，政府一定要建立相应的宏观补偿制度，以切实提高林木企业和基层培育工作者的工作积极性；另外，各部门还要加大对森林培育工作的宣传教育，给予森林培育工作充足的空间和舆论支持，提高社会对森林的关注度，这有利于形成良好的森林培育工作环境。

提高科技含量。有关部门要加大森林培育工作的科技创新，从而使森林培育工作走上科技创新的前列。具体措施有以下几种：首先，在树种的选择方面，应该优先选择优质的树种，以提高森林培育效率和经济效益；其次，有关部门要大力引进最新科技技术，实现多样化的造林工作，丰富森林林业的层次；再次，有关部门要在森林培育过程中引进先进的病虫害防治手段，在抵御病虫害的同时，为森林树木提供一个良好的生长环境。例如，相关部门应及时做好林地土壤的改造工作，优化土壤养分和理化物质，这可以加快树木生长的速度，提高木材质量。最后，相关部门还可以将网络化和信息化技术引入森林培育工作中去，在改进森林培育工作方法的同时促进森林培育工作的科技化发展。

构建一整套森林培育体系。要想构建一套完整的森林培育体系，首先要明确这套体系结构的层次框架，根据森林培育的具体过程。

森林培育标准体系的实施，需要有关部门做到4点：①开展广泛的基础研究，建立权威、完整的数据库。数据库是读者查阅、检索的主要资料来源，相关部门要及时做好标准文本的收录工作。建立的数据库要有据可依，方便读者进行信息查询，方便工作人员进行相关处理；②积极研究标准体系，带动具体标准的制定工作。有关部门要在现有森林培育标准体系的基础上清理和整顿目前仍然存在的漏洞，合并和废除一些在体制建设中出现冲突的标准，修订已经老化的标准，并在此基础上对已有的标准进行查漏补缺，从而促进森林抚育管理和林业生态建设等方面标准的完善；③建立配套的管理制度。森林培育标准体系不仅包括森林培育的技术标准，还包括森林培育的管理标准。有关部门首先要设置专门的森林标准化管理机构，细分森林培育工作。还要专职专用，明确每个机构的具体工作内容和职责，防止推卸责任，各自为政的情况出现；④要建立一个标准化的推广体系，负责森林培育工作的宣传任务，利用广播、电视、网络等媒体来对人民进行广泛的宣传教育活动。

近年来，随着自然环境的不断恶化，森林面积的大幅度减少，环境保护成为全人类的共识，森林培育作为重要的森林保护方法，受到了越来越多的关注。在森林培育工作中，有关部门要坚持可持续发展原则，从林业发展战略的角度去看待森林培育工作，认清森林培育工作的主要内容和重点环节，选择行之有效的培育与途径，不断更新森林培育工作机制，保护人类生活环境。

第三节 森林培育对生态建设的作用

随着经济的高速发展，早期人们对自然生态环境破坏的一些弊端逐渐体现出来，引起了人们对于生态环境的重视。一系列的研究表明，森林培育对于生态建设有着重要的作用，所以深入研究生态建设有着非常重要的意义。通过阐述森林培育和生态建设的概念、现状及问题，探讨了生态建设对于生态环境的作用，为提高我国生态建设水平提出一些有参考价值的意见。

在现有的相关领域中，已经对森林培育和生态建设有了一定的研究成果，但是随着我国的经济发展，这项研究成果已经逐渐满足不了当下的形势，所以应该增强相关领域对于森林培育和生态建设方面的研究，以保障生态和经济同时发展的大时代要求。

一、生态建设和森林培育的概念

生态环境建设的概念。生态环境建设是以生态系统理论、可持续发展理论、系统过程理论和水土保持与荒漠化防治等理论为基础，生物、物理、化学和管理学科的理论与技术，并结合农业、林业、牧业及水利生产等方面进行发展，并且通过生态、工程和农业等措施对于一些较脆弱、已退化和遭到破坏的森林进行再建设。

森林培育。森林培育是指在林业用地中，对于林业商品中树种的选择、生产、经营、培育，以及结构的调控，对森林进行改造与更新的过程。

二、生态建设的现状及主要应对的问题

水土流失。在目前的很多地方都存在着水土流失的问题，主要特点有水土流失面积大、分布范围较广并且类型较多，这一问题在早些年就已经引起了大家的重视，并且通过国家的大力支持，对于水土流失的治理也取得了较大的成果。对于一些重点区域已经进行了保护，防止因为继续过度开发而造成这一现象的继续出现，并且在一些可能出现的地方也采取了一定的预防措施。但是就总体来看，已经治理的及预防的还是无法在根源上抑制水土流失，所以我国目前的情况来看，水土流失还是一个比较艰巨的问题。

土地荒漠化。土地荒漠化对于我们生活最直接的影响就是沙尘暴的出现，就目前的调查数据来看，沙尘暴对于我国的影响面积已经达到了 262.2 万 km^2，已经接近我国 1/3 的国土面积，而这一现象仍然在继续蔓延，土地荒漠化不仅仅是引发了沙尘暴，还影响了原本土地的生产能力，使原本可以种植作物的土地变成了荒漠，同时也加剧了我国农业种植面积的减少，如果这种恶性循环继续下去，对于我们的生活将是一个巨大的威胁。

植被退化、物种多样性减少。森林是陆地生态系统的重要组成部分，在生态平衡中起到了主导作用，但是我国的森林资源与林业经济发展无法达成平衡，一方面是我国的林业资源相对于我国的庞大人口数量来说处于严重匮乏的地位，并且森林的分布非常不均匀，呈现为东多西少的趋势。另一方面是人们对森林资源过度采伐，不注重再生与培育，这就造成了因为人类过度采伐，森林面积及密度大幅度锐减，从而导致各种自然灾害频频发生。早期一直都是只开发，不保护、不培育的思想，其中不少野生动物都因为森林面积锐减而失去了原本的生活环境，不得已而进行迁徙，一些物种由于各种原因无法迁徙，导致了一些物种的灭绝，这样就造成了物种的减少，这对于我们整体的生态系统是一个很严肃的问题。

水资源匮乏。中国的水资源在全世界排在第六位，相比于我国辽阔的国土面积来看有

些不足，再加上我国全世界第一的人口数量，这就使得我国的人均水资源更加紧缺，我国的人均水资源还不到世界人均水资源的 1/4，并且水资源的分布也和森林资源有着相似的分布，呈现出东多西少、南多北少的分布。降雨分布也非常不均匀，水资源越是充足的地方降雨量越大，水资源越是匮乏的地方降雨越是稀少，而且也存在着雨季集中性。在旱季降雨较少，雨季降雨过多，造成很多地方水灾、旱灾时常发生，由于这种形式的出现，使得我国原本就不多的水资源无法得到有效的利用，在降雨过多的地方水多的用不了，降雨少的地方水资源不够用的现象，这对于我国水资源的利用也是一项严峻的考验。

温室效应的产生。由于生产建设的发展，全国各地对于煤炭、石油、天然气等资源的使用也是越加频繁，这就导致了空气中二氧化碳的含量增多，从而导致了温室效应的发生。温室效应主要是体现在整体温度升高，在短时间内对我们的影响或许不太明显，但是正因为我们感觉不明显，所以对于这些燃料更加肆无忌惮的使用，这就导致了温室效应越来越严重，温室效应最明显的体现就是相隔不远、地形相似但是对于这些能源使用多少不同的两个地方会出现同一时间、两种气候的现象，这种现象也称为小气候，小气候形成最大的问题就是农时问题，农时的改变，使得农作物衰退，抗病能力差，不得已使用各种农药。农药的使用容易让土地荒漠化，这样就形成了一个恶性循环，而且温度的升高对于一些疾病的传播也起到了推动作用，这些疾病的传播不仅仅是在人类的身上发生，在其他动植物身上发生也同样有着严重的负面作用，因为动植物不会像人类生病了就去医院，再加上人们对动植物病害重视度不足，所以病害的产生很可能引发一个物种的灭绝，这对于生态物种多样化是非常不利的。

三、森林培育对生态建设的作用

涵养水源、保持水土。根据实验得到的数据显示，$1cm^2$ 的落叶层可以比裸露地面减少 1/4 的地表水流量，泥沙量可以减少到 90% 以上。由此可见，1 万 km^2 的森林可以蓄水 300 万 m^3 左右，并且在雨季、暴雨大气减缓洪峰，降低山体滑坡等自然灾害发生的概率，而且在旱季还可以使河流中存有一定的水量，以减缓土地的干旱程度，并且河流中存有的水对周边农业缺水也具有一定的减缓作用，更增加了水资源的利用率。

防风固沙。森林的存在可以在很大程度上降低风速，并且可以在一定范围内改变风向，据研究表明，较大范围内森林可以减少沙尘暴 80% 以上，普通绿化地区比荒漠化地区减少 40% 的沙尘暴，大气浑浊程度可以降低 35%，而且乔木、灌木以及草地的根系可以对土壤的固定起到很大的作用。以绿化的手段来固定并保持土壤是在大自然中最常见、最有效的方式，相比于其他人工方式也更加经济、有效，并且对于生态环境的建设也更加有利。

减缓温室效应。温室效应最基本的成因就是二氧化碳的超标，而在自然界中最常见的就是通过植物的光合作用来将二氧化碳转化成氧气，从而减少大气中温室气体的含量，而且氧气也有给大气降温的作用，这样就可以以大自然的方式降低温室效应的作用。

保证物种多样性。我国是世界上物种最为丰富的国家之一，主要在物种丰富，生态类型齐全方面体现，但是在近几年由于林业资源的过度开发，从而导致物种多样性大幅减少，在近几年来随着我国对于物种多样性的保护越来越重视，做了很多保护工作，也取得了一定的成绩，但是对于整体的生态环境来说还是远远不够的，所以对于物种的多样性保护和建设也要重视。

森林的培育对于生态建设具有不可忽视的作用，然而森林培育却是一项非常复杂的工作，其中涉及了多个方面，而且我国目前对于这一方面的研究还不够深入，达不到发达国家的水平，所以在今后对于这一理论的研究还应该更加深入，这样才能为生态建设做出更好的贡献，也为可持续发展提供了有力的环境资源保障。

第四节　森林经营分类与森林培育

森林经营分类与森林培育的融合，基于可持续发展理论、生态经济理论、系理论为基础的指导思想，从森林立地、经济社会、生态环境三个层面进行森林经营的分类，把森林经营分类与森林培育工作落实到具体的林业板块。文章基于森林经营分类与森林培育理论，分析当前存在的问题，并针对性提出森林分类经营和森林培育的建议。

从我国林业经营的现状来看依然存在大量的问题，尤其是重培育轻抚育的问题，严重影响了森林培育的持续发展，这也是影响我国森林资源储备的重要原因，其次，我国也在积极实施退耕还林政策，但是在实施过程中过于重视森林面积的储备，而在森林生长量的方面没有实现保障，森林经营停留在种植树苗、整地的层面；对于个别树种的研究，并没有形成体系化管理和经营，突出表现在先满足森林资源的量，再考虑资源质量控制，这样也导致了全局性、体系统性森林培育体系的构建存在大量的问题。通过对森林经营分离与森林培育的研究，能够促进森里培育体系构建加快适应现代社会、经济发展的要求，即能提供优质的木材产品满足经济需求，又能满足社会生活的生态环境需求，明确森林经济分类的目标，为森林培育体系构建提供理论支持。

一、森林经营分类概述

森林经营分类的理论思想。森林经营分类理论思想主要包括系统论思想、林业可持续发展理论、生态经济理论三种。系统论思想，森里是一个巨大的生态系统，具有生物多样性的特点，一个物种的灭绝或者减少会引起整个生态系统的动荡，系统的结构决定了系统的功能，森林经营分类遵循系统理论，就是保证森林物种的多样性，实现森林区域经营林种比和地域分配的结构合理，从而达到综合运用的效果；林业可持续发展理论，森林资源是可再生资源。

森林经营分类的方法。我国森林经营分类建立在土地分类评价和区域生态评价的基础上，在我国能够开发利用的森林资源已经掌握了系统的原始资料，森林经营分类的方法主要采用上下结合、自下而上的方法，在原有的区域内进行分类，根据分类指导的思想中分类因子进行系统划分，主要的指标为岩层、地貌、母岩、生态区位等。结合各地区经济发展水平以及相关产业发展规划适当的调整森林经营分类和评价指标，明确区域林业发展的主导方向。

森林分类因子。森林分类因子主要分为三个层面，第一个层面为森林立地分类因子，包括气候因素（降水量、极端温度、平均湿度等），地貌特征（海拔、岩石层、土层深度、坡度等），植被类型（植株的种类、组成、高度、覆盖面等）；第二个层面为生态区位因子，也就是森林所处的位置，主要看森林是否位于江河沿岸、江河源头、水路沿线、荒漠化地区、易水土流失地区；第三个层面为经济社会因子，主要体现在社会经济结构，劳动力就业变动状况、生产生活能源供给等状况。

二、森林培育概述

商品林培育。从我国现状看商业森林培育分类化现状并不明显，虽然商业林培育的主要目的是用于社会经济生产，但是由于经营森林的效益较低，回报周期较长，因此商品林的培育主要依靠国家林业部门的支持。森林资源具有多种综合效益，在森林培育的过程中，政府应该给予政策支持。森林立地条件选择和林种布局，考虑土壤的肥沃程度与易于建设交通设施地区，树种的选择根据市场需求和生长周期进行确定。

公益林培育。公益林的主要作用是保护生态环境，如：河流沿岸建设防护林，城镇周边的风景林，工厂周边的环境保护林等。树种的选择，着重考虑的是绿化能力，保持森林资源的多样性，维持生态系统的多样性。栽培技术与配置，应该本着人工与自然相结合的方式进行培育，尽量地减少原生森林和植被的破坏，并做好森林抚育工作。

三、森林经营分类与森林培育中存在的问题

森林培育板块构建不合理。森林培育受经济发展机构的影响，在一些地区，没有实现社会经济发展与林业用地板块的统筹规划，在栽培时按照公益林标准，而在后期社会发展规划中就成了商品林区，森林的培育目标不确定，而森林培育是一个系统工程也是长期工程，培育板块机构不合理严重地影响了培育质量。

森林经营分类体系和评价体系覆盖面较窄。从我国森林经营立地原则看，森林的编制还是以山头为模块，并没有建立覆盖整个地区统筹规划的管理体系和评级标准，因此导致了森林立地分类与区域生态区位不协调，难以实现生态环境保护与社会经济发展的协调。

森林抚育不及时。我国是人工林培育规模最大的国家，但是林业资源的质量却难以保证，主要体现在林区密度过大，导致木材质量低下，外加上地方政府和林业局不重视森林

抚育,造林很难成林成材。

四、加强森林培育技术实现林业可持续发展的措施

建立科学的森林培育理念。首先,应全方位树立森林培育理念,坚持克服森林自然恢复论的消极影响,以及靠天吃饭的懒惰意识,养成森林培育的良好习惯,加强人工恢复森林,提升森林培育的质量。其次,应打破以往随意获取木材的行为,树立必须履行培育森林的义务,才能行使获取木材的权力,进一步提升人们森林培育的意识,为森林培育工作付出更多的努力,以全面提升森林质量。再次,森林培育工作应从长远的发展考虑,在享有前人留下的森林资源之外,还应积极做好森林资源的培育工作,做好森林资源的恢复,切实有效地提高森林的质量,促进森林生态可持续发展,为子孙后代留下更多生存发展的空间。

对于森林自然恢复的消极观念应当彻底克服,从而养成良好的森林培育习惯,采取积极的措施加强森林的人工恢复,使的森林培育质量不断地提升。其次,对于以往的木材随意获取的行为应当予以严厉的制止,只有从内心树立正确的森林培育义务,才能获得获取木材的权利,最终使人们的森林培育意识进一步的提升,最终全面的提升森林质量。最后,应该从长远发展考虑森林培育的工作,深刻地认识到森林培育工作的重要性,认真地做好森林资源的人工恢复,使得森林质量从根本上不断地提高,从而存进森林生态的可持续性发展。

科学培育树种、适地适树选用树种。为了提高森林培育管理质量,我国应该充分借鉴国外的先进技术,科学培育树种。在培育森林树种过程中,应该摒弃传统的培育技术,将分子遗传工程引入到森林树种培育中来,如一些科学家加大了优质树木的杂交育种和无性繁殖力度,培育树种基因库。在培育种苗期间,将幼苗分成不同生长周期,严格控制种子催芽、育苗和施肥等环节。同时,给予树木更多的养分和水分,从而确保树种培育更加科学。在实际造林时,要充分考虑当地的气候、土壤等具体条件,选用适于当地条件的,生长表现良好的树种,最好选用乡土树种。

加强森林抚育管理工作。森林抚育工作包括后备资源的培育。对后备资源进行培育可以有效提高培育林木的质量和产量,需要加强森林培育质量方面的管理,及时处理不合格的地方。在营林生产过程中,全年作业做到做一块检查一块,从而为林木培育工作的大幅度提高提供切实的保障。从实际出发,根据树木的类型和成长规律,分为抚育型和补植改造型,根据不同类型采取不同的生产管理方法。充分发挥环境的功能,同时加强低质低效林的全面改造,用合理的措施促进林业发展。

加强林业队伍的建设。林业工作具有福利待遇低、劳动环境差的特点,因此林业人才短缺的问题十分突出。各级林业部门、政府部门要强化营林生产意识,增强林业干部及职工的责任感、危机感,全面落实各项林业工作。提高林业工作队伍的稳定性,减少人才流失率,从管理、执法、造林、实体经营等各个方面确立长远性的发展思路,避免急功近利

的思想，增强林业管理队伍的实力；还要为林业工作人员提供更多的学习机会，提高其专业素质与综合素质；还要将群众的力量充分发动起来，建立村级护林组织及护林员队伍，保证森林培育的效果及效率。

加大林业投资力度。一方面政府要加大对林业的资金投入力度。具体来说，提高林业生态工程资金投入，切实落实种树或者森林生态补偿，适时提高补偿标准等，扩大森林面积，提高造林、护林的积极性。另一方面实行政策倾斜吸引各类资本投资林业培育森林。如出台金融、土地流转，合作社、森林旅游等方面的优惠政策，为各种林业经营主体创造有利的环境，以增强发展林业的积极性和信心，促使林业的可持续发展。

综上所述，森林经营分离和森林培育的重点在于抓住区域统筹规划和森林立地分类指标，从优化森林阶级培育管理制度、建立健全全方位的森林分类指标、强化森林培育监督进行优化和加强。

第五节　加快森林培育提高森林质量的对策

随着我国森林覆盖面积的不断增加，森林培育工作的难度也越来越大。整个生态系统所占比重最大的就是森林，我们的生活水平也深受森林质量的影响。提高森林质量，增加林木数量，必须要提升森林培育经营技术。分析了森林培育过程中出现的问题，探讨了如何改进森林培育的方式，从而大幅度提高森林质量。

一、我国森林培育的现状

目前，我国的森林资源存在着分配不均、管理条例不完善、管理工作存在诸多缺陷等问题。我国的森林覆盖率相对较低，需要进行绿化工作的土地非常多。由于我国经济的高速发展，使我国的森林资源难以满足经济发展的需求。森林资源的管理培育工作存在水平较低、理念较落后和经济效益较差等现象，而且，部分地区还存在难以把控病虫害的问题。因此，目前我国森林培育的总体形势不容乐观。

二、森林培育中出现的问题

森林培育理念落后。在以往的森林培育理念下，森林资源没有达到充分利用的效果，是导致森林资源浪费的一个重要原因。以往的培育理念目光短浅，开采人员只做到森林砍伐、加工，却没有对森林进行二次保护。在这种状态下，森林没有体现出可再生资源的价值。在森林培育过程中，大多数工作人员深受传统管理方式的禁锢，没有认识到真正的工作性质。相关林业部门对其工作人员的管理方式过于单一，没有对森林培育带来理想的经济效果，不仅对森林资源造成了浪费，也对生态环境造成严重的破坏。

监督体制不完善。在森林培育过程中，经营制度缺乏监督和管理，对森林培育带来严重的影响，也影响项目的实施。各相关森林培育部门，鱼龙混杂，森林培育项目能否得到安全有效的管理，与相关工作人员的工作积极性密切相关。人员管理制度不健全，一旦出现漏洞，难免会被一些素质低的人投机取巧。

缺少专业性人员。森林培育部门具有专业森林培育知识的人较少，在人员招纳过程中，只注重数量而忽视了质量。缺少专业知识的引导，导致森林资源在遭遇破坏时，森林培育部门无法及时做出正确的处理。各大高校对森林培育相关专业课程的开设也很少，不断减少了相关从业人员学习相关知识的机会。

树种培育欠缺。优良的树种是森林培育工作发展的根基，但当前的优良品种选育工作存在一些问题，使新树种的研发工作效率下降。当前的树种在耐旱性、抗病虫害性等方面还有较大的提升空间，加强这方面的研究，是当前研究人员的重要工作。

三、高效加快森林培育的对策

创新理念，改变工作方式。把以往的森林培育机制作为基础，因地制宜做出相应的改革与创新，构建安全可靠的森林培育机制。同时，大胆地采用信息技术工具，实时记录森林的成长，及时分析森林状况，并能及时解决出现的问题。只有逐渐完善森林体系，森林生态系统才能正常运作，森林抵抗灾害能力才能不断增强，森林质量才会达到真正意义上的提高。在提高森林质量的同时，也要做好森林的绿化系统。人们深受退耕还林理念的影响，可持续发展观念没有深入人心。

健全体制，加强监督管理。只有在一套完备的管理体系下，工作人员才能恪尽职守。这就要求相关森林培育部门做好监督管理工作，建立健全管理体系，制定详细的工作安排，并具体到个人。在整个工程项目实施过程中，要放眼未来，制定长远的目标，如果出现突发情况，工作人员要及时上报与处理。提高森林质量这一任务任重而道远，只有坚持不懈，才能实现森林质量的提高和森林系统的可持续发展。

加强培训，提高专业技术。森林是生态系统中不可分割的一部分，森林质量的下降难免会影响整个生态系统的协调发展。在森林培育的过程中，森林培育部门要重视相关工作人员的技术能力，通过开展相关专业讲座，为工作人员增加更多的学习机会，提高工作人员的技术水平。创新是第一生产力，科技的创新为各行各业带来了巨大的便利，如果把GPS和热感传应等应用到森林系统的监察体制中，将会达到事半功倍的效果。引用先进的生产技术，根据不同的树木种类做出合适的种植方案。由此可见，森林的培育越来越要求专业的技术人员来实施，只有壮大专业人员的队伍，才能大幅度提高森林的质量。

优化经营管理模式。当前，我国森林管理培育工作模式还存在一些问题。许多管理工作单位还保持传统的森林管理工作观念，以陈旧的理念经营工作，这种相对落后的管理方式很难适应新时期森林培育工作发展的需要，也很难满足经济建设、人民需求等方面的需要。因此，要不断优化森林管理培育工作的经营管理模式。首先，详细制定工作的规范条例，明确各工作人员的权职范围，优化管理工作体系，提高工作效率。其次，对森林培育工作进行目标划分，制订长期大目标和短期小目标，确立战略与战术方向，并公布制订好的计划，让每一位工作人员做到心中有数、目标明确，有利于提高森林培育工作的效率。再次，转变森林培育工作的经营理念。森林培育要与经济发展相互结合，要以环保推动经济发展。绿化工作要与产业市场相互结合，建立好种类齐全、质量过硬、合理竞争的森林产业体系，提高森林管理培育工作的经济效益。一方面有利于提高经济发展效益，推动森林经济的可持续发展；另一方面，也有利于社会资金推动林区建设，促进环保。

筛选优良品种。优良的品种对森林培育工作的长期发展具有非常重要的意义。森林培育工作的根基在于优良的树种。一方面，相关研究人员要进行严格的品种筛选和培育，比对和保存优良品种，确保之后的发展。在进行选育工作过程中，可以利用人工育种技术进行保护和培养。另一方面，相关研究人员要加强对新的优良品种的研究，不断推进新树种的出现，提高森林的耐旱性和抗病虫害性等属性，提升森林培育工作的质量和效率。

森林培育的发展任重而道远，在相关部门高度重视的同时，从业人员也要做好本职工作，各司其职，有效提高森林质量。面对现状，森林培育部门要合理分析，根据出现的不同状况提出具体的解决方法，采取科学合理的措施，使森林培育具有针对性，全面提升森林质量，给人类带来更好的生活环境。

第二章　植物生长与环境

第一节　植物生长与环境的关系

　　环境决定着植物的生长，环境指的是植物生长的区域内所有因素对植物的影响，例如，微生物、温度、湿度等，浅谈植物生长与环境的关系和影响。

　　古人对一颗种子长成参天大树，对植物生长的过程，会产生一些神奇的幻想。在很多因素的共同作用下一粒种子能长成参天大树，例如，土壤、微生物、光照、其他动植物等的影响因素，这些因素的影响保证了植物的增长。这些因素如何发挥着各自的功能呢？它们之间又有哪些相互的影响呢？

一、植物生长需要的土壤环境

　　（1）土壤可以说是植物生长的"电热宝"，植物的生长需要一个适当的温度区间，有合适的温度种子才可以生长发芽，所以说温度对植物生长有非常重要的作用。土壤是如何做到温度的动态平衡呢？白天日光照射到土壤上，土壤会吸收热量，热量会从浅层的土壤逐渐向深层土壤传递热量，热量就被深层土壤锁在土地中。夜晚天气变冷，热量就由深层土壤向表层土壤传递，保证了浅层土壤的温度。

　　（2）对植物生长或生理代谢有直接作用，缺乏一定的矿物元素时植物不能正常生长发育，其生理功能不可用其他元素代替的矿物质元素有氮、磷、钾、钙、镁、硫、铁等，还有来源于空气中二氧化碳中的碳和氧及来源于水中的氧和氢。在适量钾的存在下，植物酶才能充分发挥作用，它促进形成碳水化合物；钙是构成细胞壁的重要元素之一，是质膜的重要组成成分，可促进氮的吸收，与氮的代谢有关；微量元素铁是形成叶绿素所必需的，缺铁叶子将黄白化；植物缺少硼元素，将会出现华而不实。植物生长中有很多矿物质元素起到非常重要的作用，缺乏任何一种矿物质元素，植物都不能正常地生长。

二、光是植物进行光合作用的能量来源

　　太阳光是地球上所有生物的最终能量来源，生命所消耗的所有能量都来自于太阳光辐射能量。光是植物生长不可缺少的要素，可以说光是绿色植物最重要的生存因素。绿色植

物通过光合作用将光能转化为化学能，为地球上的生物提供生命活动所需的能量。影响光合作用的主要因素是光质（光谱成分）、光照强度和光照时间长短。光是植物进行光合作用的能量来源。光合作用过程主要依靠叶肉细胞中的叶绿体完成。阳生植物是处于强光环境中生长健壮，在隐蔽和低光照条件下培育生长缓慢的植物。在弱光条件下，阴生植物生长良好，但这并不意味着它对光照没有要求，光线太弱时，它也不能正常生长。在同一个植物生长发育的不同阶段对光的要求也不同，例如松树对光强的要求为全日照70%以上，像罗汉松、山楂等树木光度为全日照的5%~20%。

三、温度与植物的生长发育

温度和光都是植物生长的核心要素。从全球的地理线路可以看到，不同的经纬度就会有不同的气象条件，不同的气象条件，就会有当地不同的温度环境，全球经纬度的不同，自然环境的差异也是巨大的。所以不同的温度有不同的植物带。植物生长的温度，我们对此有三点不同的分类：（1）最适的温度：植物生长最舒适的温度；（2）最低温度。（3）最高温度。温度只有在最低温度和最高温度之间，植物才可以生长。

树木的种子进行生长需要酶的催化作用。而酶的活化需要一定的温度条件，一般的植物种子只有在0℃~5℃才开始萌动，在这个标准以上，温度越高，发芽率越高，生长越快。大概最适宜生长的温度在25℃~30℃之间。植物所能承受的最高温度大致在35℃~45℃，超过这个温度，植物就会死亡。

植物的生长在一定的温度范围内进行，植物生长对温度有不同的要求。一般在0℃~35℃温度范围内，温度升高，生长加快，生长季节延长；温度下降，增长减缓，生长季节缩短。原因是在一定的温度范围内，温度细胞膜透性程度增加，植物生长所需的二氧化碳、盐吸收增加，而光合作用增加，蒸腾增加，酶活性增加。加速推进细胞的延伸和分裂，加快植物生长速度。

四、水分与植物的生长发育

水是生命之源，有收无收在于水。水也是生物体内重要的组成部分之一。水约占人体组成的70%，植物身体内水分的含量为50%。

生物很多的生长化学反应都要有水的参与，而水如果不够，植物就会枯萎，加快衰老的进程。植物对水的利用可以说非常多样，很多植物是通过吸收地下水或者雨水，还有一些植物会收集气态水，例如，雾气等。水对植物的影响也有三种不同的方式：状态（气态、液态）、数量（雨林区、干旱区）、持续时间，这三个要素去塑造植物对水的需求和生长状态。

水可以说对植物的生长有非常大的影响，通过水的影响，植物才可以正常地开花结果。总之，环境是植物生存要素的总和。我们通过对环境的分析，可以科学地分析出植物生长的要素和更清楚地了解植物的生长过程。这些综合因素共同影响着植物的生长发育。

第二节 植物昼夜节律研究进展

地球自转引起的昼夜循环导致了环境每日的重复波动。生物随着环境的明暗交替和温度变化进化出内源性的近日性的节律变化，这种机制称为昼夜节律（Circadian rhythm）或生物钟（Biological clock）。没有外部信号的情况下近日性表现为 24 h 的周期性振荡。研究表明，在连续光照（或黑暗）和恒定温度条件下近日性节律的维持是由内源性生物过程驱动的。例如，人体生理和机理的变化受到内源性节律振荡的广泛调控。在时差影响下，昼夜节律振荡器变化强烈，具体表现在内部振荡器时间的预测与外部环境的冲突和相互协调。几乎所有的有机体，从单细胞的蓝藻到复杂的哺乳动物，都具有一套预知环境变化的生物节律系统。生物的内源生物节律控制着机体的行为、生理活动，使之更好地适应环境。时间生物学（Chronobiology）研究内源生物钟的分子机制、外界环境对生物钟的驯化或牵引（Entrainment）、生物钟对机体行为、生理活动的调节等时间依赖的生物学过程。近年来，植物昼夜节律调控的分子机制成为研究的热点和难点。环境中的信号如温度和光照被核心振荡器所整合，对多种生理过程进行协调。光照和温度这些外界信号通过影响生物钟的速度，并作用于振荡器中不同的核心分子来导引时钟。之后时钟会以相应的节律进行节律性输出，从而协调多种生理途径，包括光周期开花、激素信号传导、生长、代谢以及生物和非生物胁迫的响应。

一、植物生物钟

（一）植物生物钟核心元件间的交互调节

传统观点认为昼夜节律系统是一种线性路径，但越来越多的证据表明它是一个高度复杂的调控网络。植物、动物、昆虫和真菌等生物的生物钟调控系统通常是基于转录和翻译的反馈环路（Transcriptional/Translational Feedback Loops，TTFLs）。植物生物钟系统的研究主要是在模式生物拟南芥（Arabidopsis thaliana）中进行的。植物的昼夜节律主要包含了三个特征：①植物的昼夜节律是在没有外界环境刺激下由生物钟基因和蛋白协同控制下完成近日 24 h 的节律性振荡；②植物生物钟系统必须与环境保持同步，植物的生长发育阶段需要与环境相匹配，这种过程称为生物钟驯化（entrainment）；③植物细胞的生物钟与植物的昼夜节律相偶联，植物细胞的时钟基因能够调控植物的昼夜节律的输出。

植物昼夜节律调控网络主要由输入途径（input pathway）、核心振荡器（core oscillator）和输出途径（output pathways）三部分组成。模式生物拟南芥的生物钟的核心振荡器由 CCA1（CIRCADIAN CLOCK-ASSOCIATED 1）、LHY（LATE ELONGATED

HYPOCOTYL）、TOC1（TIMING OF CAB EXPRESSION 1）以及其他元件构成了复杂的交互反馈的调控网络。振荡器的核心由两个 MYB 转录因子，CCA1/LHY 和 TOC1 组成。通过对拟南芥昼夜节律的研究表明，振荡器核心基因在每个节律周期中不同的时刻表达，表现出时空的差异。如 CCA1 的表达峰值出现在黎明时刻，而 LUX ARRHYTHMO（LUX）的表达峰值在黎明后的 12 h。植物昼夜节律振荡器除转录 - 翻译反馈环路之外，还存在一些转录后调控机制来确保振荡器的精确运行，如乙酰化、磷酸化等。

（二）生物节律的驯化（Entrainment）

众所周知，植物生物钟并不是完全精确的 24 h。因此，植物需要通过驯化途径来与外界环境保持同步。例如，外界环境中的红光和蓝光能够给植物光感受器提供强烈的信号重设生物钟，这就对植物生物钟起到了同步的作用。光敏色素 A（PhyA）能在低强度的红光下调节生物钟，光敏色素 B（PhyB）则能在高强度的红光下起作用。隐花色素 1（Cry1）能够在低强度和高强度的蓝光下调节生物钟。已有的研究表明，温度的改变也能够影响植物的昼夜节律振荡器，然而，温度对植物生物钟的调控我们知之甚少。

（三）生物钟在植物生物学中的重要性

高等植物的生物钟能够调控多种代谢通路。研究表明，植物生物钟控制光合作用活性、叶片的气体交换、细胞生长、激素应答、营养吸收和基因表达的日长变化，生物钟几乎影响植物新陈代谢的方方面面。植物内源性的生物振荡周期必须与外界生长环境达到最合适的匹配程度，生物钟的准确预测功能对植物细胞的生长和发育有着非常重要的影响。植物昼夜节律经历多种不同的生活环境而独立的演变出来，这为植物适应环境提供了优势。

（四）植物昼夜节律的研究

如上所述，植物昼夜节律的特征之一就是在没有外界环境信号的情况下，处于自我维持的节律状态。因此，研究昼夜节律的方法是在恒定的条件（恒温、恒定光照或黑暗）下来监测植物节律调节的生理或生化情况。在恒定的条件下，生物钟能够"自由运行"，实验条件被称为"自由运行条件（free running）"。例如，为研究植物光合作用的昼夜节律，实验中将植物放置于正常光暗循环中培养一段时间，然后测量 CO_2 含量的变化情况。

植物昼夜节律能够被量化的特征，可以作为昼夜节律的指标加以研究。常见昼夜节律的研究方法就是测量植物组织样品中节律基因 mRNA 的表达变化。一般用定量 RT-PCR 技术来测量节律基因的转录产物的合成量，以此来研究植物的昼夜节律。类似地，收集组织样品也能够检测昼夜节律的变化，比如蛋白质数量、酶的活性或者代谢物的浓度。植物昼夜节律的实验通常需要在相当长的时间内在固定时刻进行重复测量。

植物叶片节律性运动是生物钟调控下的外在表现形式，在一定程度上可以反映植物的昼夜节律。因此，叶片运动分析（The plant leaf movement analyzer，PALMA）也是研究拟南芥昼夜节律的常用方法。自动化相机的使用能够直接且无害的监测拟南芥幼苗的节律性生长。通过连续不断的拍照，相机能够捕捉到拟南芥幼苗叶片相对位置的改变，然后用专业软件分析能够得出拟南芥幼苗叶片的节律性运动。

昼夜节律的研究也可以借助于生物发光成像。这种成像既能够测量整个植物荧光素酶的发光情况，又能够测量单一组织类型的昼夜节律。甚至有可能在含荧光素基因的叶片的单细胞中通过制作显微图层来测量昼夜节律。在模式生物拟南芥中，荧光素报告基因已经成为一种革命性的手段来研究植物生物钟基因。将荧光素基因与昼夜节律关键基因的启动子连接起来，构建荧光报告基因，实验中可以用灵敏的摄像系统检测植物发出微弱的荧光，从而将复杂的植物昼夜节律的分子生物学实验转变成简单的光学实验。

（五）生物钟与植物代谢

植物昼夜节律振荡器控制各种生理过程，包括叶绿素的生物合成、光合作用电子的传递、淀粉的合成与降解、氮硫同化作用等过程。例如叶绿素生物合成的峰值出现在黑夜的尽头，预示着其参与光合作用过程的启动。昼夜节律突变体的研究揭示了昼夜节律振荡器与新陈代谢之间的联系。在prr9/7/5三突变体中柠檬酸循环的中间产物如苹果酸、富马酸等的浓度明显高于野生型，可能预示了振荡器和植物光能利用率之间的相关性。由于白天的光合作用为植物夜间的生长提供呼吸和能量，可以推测淀粉的降解速率受到振荡器的调控。在生物钟基因CCA1和LHY的突变体（cca1/lhy）中淀粉的降解速率要比野生型的要快35%。因此，生物钟对于代谢的调控意义重大。

（六）昼夜节律提供时间信息控制光周期开花

植物的昼夜节律系统能够预测外界环境（如温度和光照）的变化从而给植物提供时间信息来控制植物的光周期依赖的开花途径。研究表明，许多植物利用光周期的变化来控制开花的时节。例如小麦（Triticum aestivum）的开花是在白昼变长的晚春时节，而水稻（Oryza sativa）则是在白天变短的夏末开花。光周期敏感植物可以分为长日照植物和短日照植物。长日照植物通过短时间的曝光也能开花，短日照开花植物则不受夜间中断的影响。植物开花是一个受到严格调控的分子机制，许多不同途径包括光周期途径诱导的植物开花最终会影响开花基因FLOWERING LOCUS T（FT）的表达从而决定了开花的时间。其中，FT的表达受到CONSTANS（CO）蛋白的激活。研究表明，CO的表达具有节律性，黎明后的12 h表达达到峰值。然而，在黑暗的条件下CO蛋白是不稳定的，很容易被E3泛素连接酶标记后被降解。因此，在短日照条件下，CO的mRNA表达水平峰值出现在夜间造成蛋白的不累积从而不会引起FT的诱导表达；而在长日照条件下，CO的表达水平峰值出现后CO蛋白得到累积，随后稳定的CO蛋白能够诱导FT的表达从而影响开花。

（七）昼夜门控

昼夜节律门控通道是时间生物学研究中的一个重要特征。昼夜门控调控是生物钟信号通路中的外在反应过程。从本质上讲门控通道在时钟信号通路中起着阀门的作用。生物钟自身控制着植物对外界环境信号的反应，例如驯化信号（如光照）的出现使昼夜节律生物钟的相位改变到黎明。植物昼夜节律门控通道使植物对光信号更加敏感，白天植物对光线水平识别的灵敏度给植物带来更强的优势。

二、总结和展望

植物昼夜节律生物学近年来取得了非凡的进展。昼夜节律调控的分子机制有助于植物对环境做出适应。植物生物节律是一个复杂的调控网络，通过各种时控基因相互作用来控制着植物的各种新陈代谢活动，因此从任何一个单独的时控元件去研究整体的植物生物钟系统是非常困难的。目前流行的做法是利用数学建模的方法来研究植物的昼夜节律调控网络，这样有助于对昼夜节律网络变化的特征进行解析。此外，昼夜节律生物学研究中尚存在着许多未解难题，其中一些需要技术创新来解决。这些开放性的问题包括以下几点：昼夜节律振荡器在每种类型的植物细胞和器官中是否存在着专一性，这些振荡器是否通过信息进行交流？植物昼夜节律门控的分子基础是什么？昼夜节律调控对作物生长的贡献是体现在哪里，如何利用生物钟节律规律来增加作物产量？如何在植物中通过昼夜节律调控来稳定生态系统？植物昼夜节律振荡器是如何进化的？

随着植物生物钟在代谢、生理、进化等方面的进一步研究，以及昼夜节律对生物过程的协调作用深入了解，将昼夜节律的规律运用于农业性状的优化，具有重要的科学意义和应用价值。

第三节 园林植物生长的生物环境调控

生物因子是园林植物生长发育一非常重要的生态因子。随着全球经济一体化，有害生物都是通过有意或无意的渠道而被引入世界各国，对许多国家的生态、环境、经济等方面造成了巨大的危害。据初步统计，目前中国遭280余种外来生物入侵，每年损失2 000亿元。借助一些人为措施来调控园林植物生长的生物环境为园林生产服务，是园林生产刻不容缓的重要课题。

一、有害生物的调控

（一）加强动植物检疫，防治外来生物入侵

为防止动物传染病、寄生虫病和植物危险性病、虫、杂草以及其他有害生物传入、传出国境，保护农、林、牧、渔业生产和人体健康，促进对外经济贸易的发展，应依据有关法规，应用现代科学技术，对进出境的动植物、动植物产品和其他检疫物，装载动植物、

动植物产品和其他检疫物的装载容器、包装物，以及来自动植物疫区的运输工具，采取一系列旨在预防危险性生物传播蔓延和建群危害的措施及行政管理的综合管理体系。加强动植物检疫是一项根本性的预防措施，是控制园林植物有害生物的主要措施。

（二）农业措施

（1）选用抗病虫品种。在园林有害生物控制中，培育和应用抗性品种是一项安全、经济、有效的防治措施，为园林植物后期养护带减少大量工作和环境污染。目前园林植物丰富的种质资源为培养园林观赏植物抗病品种提供了有利条件，抗性强金叶女贞、芙蓉花、香石竹、月季、伏加草等新品种已培养成功。如抗病金叶女贞具有极强的抗褐斑病特性，抗病虫芙蓉花具有抗蚜虫、夜蛾的特性等，这些抗病虫害新品种的成功培养和应用，对于园林植物病虫害的预防和控制起到重要作用。

（2）合理布局。园林植物的选择应根据当地环境条件，因地制宜选择各种适和生长的植物类型，以乡土植物为主，根据各种植物之间相互关系合理进行搭配，以乔木、灌木、地被树木相结合的群落生态种植模式，来表现景观效果，强调群落的结构、功能与生态学特性相互结合，以营造合理的、健康的园林植物群落。同时要注意避免混植有共同病虫害或病虫害转主寄主植物，人为地造成某些病虫害的发生和流行。如黑松、油松、马尾松等混植将导致日本松干蚧的严重发生；桧柏是海棠锈病的转主寄主，桧柏与海棠混植将导致海棠锈病的严重发生等。

（3）适时栽植。园林植物栽植要遵循其生长发育的规律，提供相应的栽植条件（如土质疏松肥沃、通透性好），应根据各种树木的不同生长特性和栽植地区的气候条件，适时栽植，促进根系的再生和生理代谢功能的恢复，协调树体地上部和地下部的生长发育矛盾。一般落叶树种多在秋季落叶后或在春季萌芽开始前进行栽植；而常绿树种栽植，一般在南部冬暖地区多进行秋季生长缓慢时栽植或于新梢停止生长期进行，在冬季严寒地区以春季新梢萌芽前栽植为主。目前随着社会的发展和科学技术的应用，园林植物的栽植突破了时间的限制，"反季节""全天候"栽植已经十分普遍，遵循树木栽植的原理，采取妥善、恰当的保护措施，以消除不利因素的影响，提高栽植成活率。

（4）加强管理。冬季或早春，结合修剪，剪去部分有虫枝，集中处理，是减少病虫害源的重要措施；加强对园林植物的日常管理，合理疏枝，改善通风、透光条件，可减少园林植物病虫害的发生；尤其是温室栽培植物，要经常通风透气，降低湿度，以减少花卉灰霉病等的发生发展。

（5）合理施用有机肥料与化学肥料。施用充分腐熟的有机肥，合理灌溉，掌握正确的浇水方法、浇水量及时间，都会影响病虫害的发生。如氮、磷、钾大量元素和微量元素配合施用，平衡施肥，可使园林植物健康苗壮生长，避免偏施氮肥，造成花木的徒长，降低其抗病虫性和观赏价值。喷灌方式会加重叶部病害的发生，最好采用沟灌、滴灌或沿盆钵边缘浇水。浇水要适量，避免水分过多引起植物根部缺氧而导致植物生长不良，甚至根部腐烂，尤其是肉质根等器官。浇水时间最好选择晴天的上午，以便及时降低叶片表面的湿度。

（三）生物防治

（1）天敌昆虫。利用天敌昆虫来防治害虫，天敌昆虫主要有捕食性天敌昆虫和寄生性天敌昆虫两大类。其中捕食性天敌昆虫主要通过捕食害虫达到防治的目的，这类生物有丽蚜小蜂、七星瓢虫、异色瓢虫、大红瓢虫、螳螂、花角蚜小蜂、松毛虫赤眼蜂、草蛉、蜘蛛、捕食螨、蛙、蟾蜍及多种益鸟等动物。捕食性天敌昆虫在自然界中抑制害虫的作用和效果十分明显，如七星瓢虫、小红瓢虫和异色瓢虫对蚜虫和介壳虫的捕食。寄生性天敌昆虫主要有寄生蜂和寄生蝇，最常见有赤眼蜂、寄生蝇防治松毛虫等多种害虫，凡被寄生的卵、幼虫或蛹，均不能完成发育而死亡。肿腿蜂防治天牛，花角蚜小蜂防治松突圆蚧。

（2）病原微生物。病原微生物主要通过引起害虫致病达到防治的目的。可引起昆虫致病的病原微生物主要有细菌、真菌、病毒、立克次氏体、线虫等。目前生产上应用较多的是病原真菌、病原细菌和病原病毒三类，常用的真菌杀虫剂有蚜霉菌、白僵菌、绿僵菌、拟青霉、座壳孢菌、轮枝菌等，可用来防治玉米螟、松毛虫、大豆食心虫、多种金龟子、水稻叶蝉、飞虱、桑天牛蚜虫、茶毛虫、舞毒蛾、根结线虫、蓟马、白粉虱等多种害虫；苏芸金杆菌是最常用的细菌制剂，是应用最广的生物农药，已广泛地应用防治松毛虫、菜青虫、苹果巢蛾、毒蛾、玉米螟等害虫；而核多角体病毒群可用来防治多种害虫。

（3）生化农药。生化农药指那些经人工合成或从自然界的生物源中分离或派生出来的化合物，如昆虫信息素、昆虫蜕皮激素及保幼激素、昆虫生长调节剂等能用来防治害虫。主要来自于昆虫体内分泌的激素，如昆虫的性外激素、昆虫的脱皮激素及保幼激素等内激素。目前国外已有100多种昆虫激素商品用于害虫的预测预报及防治工作，中国已有近30种性激素用于梨小食心虫、白杨透翅蛾等昆虫的诱捕、迷向及引诱绝育法的防治。昆虫生长调节剂现在中国应用较广的有灭幼脲Ⅰ号、Ⅱ号、Ⅲ号等，对多种园林植物害虫如鳞翅目幼虫、鞘翅目叶甲类幼虫等具有很好的防治效果。

（4）物理机械防治。物理机械防治指用简单的工具以及物理因素（如光、温度、热能、放射能等）来防治园林有害生物或改变物理环境，使其不利于有害生物生存、阻碍入侵的方法。常用的物理机械防治方法如人工捕杀、诱杀法、阻隔法及热水浸种、烈日暴晒、红外线辐射、土壤处理等，其措施简单实用，容易操作，见效快，可以作危害虫大发生时的一种应急措施。特别对于一些化学农药难以解决的害虫或发生范围小时，往往是一种有效的防治手段。

（5）化学防治。化学防治指用农药来防治有害生物的一种防治方法。农药是指用于预防、消灭或者控制危害农业、林业的病、虫、草和其他有害生物以及有目的地调解植物、昆虫生长的化学合成或者来源于生物、其他天然物质的一种物质或者几种物质的混合物及其制剂。化学防治是园林有害生物控制的主要措施，具有收效快、防治效果好、使用方法简单、受季节限制较小、适合于大面积使用等优点。目前，人工合成的化学农药约500余种，已广泛应用于各种有害生物的防治，但农药的广泛使用，会造成土壤、水体和空气环境的污染，增强有害生物的抗药性，杀伤有害生物的天敌，危害人畜安全，形成恶性循环，破坏生态平衡。

二、园林植物群落种间关系调控

（1）合理配置。园林植物配置要遵循植物生长的自身规律及对环境条件的要求，因地制宜、合理科学配置，使各类植物喜阳耐阴，喜湿耐旱，以乡土植物造景为主，同时重视优良品种的引种驯化工作，充分利用空间，注重乔木、灌木、花卉、地被植物、攀缘植物等合理搭配，重视生物多样性和群落的稳定性，充分发挥其园林生态功能和观赏特性。

（2）生物调控。植物个体有自己的一套完美的调节机制，生物调控是指通过良种选育、杂交育种，应用遗传与基因工程技术，创造出转化效率高、能适应外界环境的优良物种，达到对资源的充分利用。该调控主要表现在选育新品种，增强适应性上。如中国利用丰富的种质资源通过多种手段培育出的优良园艺新品种，其观赏性和生产能力提高，同时其适应性和抗逆性均大大提高。

（3）环境调控。园林植物环境调控指的是为了促进园林植物的生长采取的各种改良环境条件的措施。该调控主要表现在改善环境条件，促进园林植物的生长上。如平整土地、浇水、排水、施肥、中耕松土等进行小气候和水分调控的各种措施。

第四节　植物对环境的适应和环境资源的利用

环境对植物的生长有至关重要的作用，随着工业和其他行业的不断发展，废弃物产生量显著增加，引发一系列环境问题。目前，环境污染、人口膨胀以及资源短缺问题使得环境压力增大。对于植物来说，要想维持正常生长，就必须吸取充足的养分。生长环境决定了植物的生长趋势，不同地区的植物对环境的适应强度不同，一个地区的环境可以通过植物的生长反映出来。所以，环境对植物的影响是非常大的。本节就植物与环境的相互适应过程展开讨论，通过分析两者的相互作用，提出提高环境资源利用率的有效措施。

现阶段，我国的植物覆盖率比较高，其可以有效净化空气，提高人们的生活质量。但是，植物的生长需要充足的养分，随着植物种类的增多，其对环境的要求也越来越高。植物对环境的适应体现在植物生理对环境的适应以及外观形态对环境的适应。植物与环境相互影响，一个地区的环境条件能够影响植物的生长，而一个地区植物的形态特征又能间接反映当地的环境问题。研究植物对环境的适应需从植物的个体生理特征进行分析，利用植物改善环境质量，加强两者的相互作用关系，提高环境资源利用率。

一、认识环境对植物生长的影响

（一）分析环境对植物的作用效果

植物的外界环境主要有三种：第一种就是物理环境，它是指影响植物生长发育的各种物理条件，如阳光、空气、温度和水分等因素；第二种环境就是生物环境，包括植物的病虫害，植物之间为争夺阳光、空气和水等资源而进行的斗争；第三种环境是化学环境，化学环境可以理解为外加的环境，比如为植物施肥或者创造适宜其生长的环境等。对于农业来说，自然环境对于粮食增产有很大的影响，洪涝、旱灾都会影响植物正常生长，给农业造成很大的损失，农业想要实现更好更快地发展，就必须克服外界环境的消极影响。环境对植物的作用会影响整个农业的发展，所以研究植物对环境的适应对于提高农业收入、保证农民的正常生活水平有重要作用。

（二）分析宇宙环境对植物生长的影响

随着我国生产力的不断提高，植物栽培技术也得到了提高，我国大力发展转基因植物、多倍体植物，提高食品的品质。宇宙环境也是影响植物生长发育的重要因素，由于宇宙的重力与地球有较大的差异，植物在栽植过程中需要克服的关键问题就是重力问题。所以，研究植物与环境的相互作用，能够提高植物的生长速度，其对于植物品种研究也有重要作用。

（三）分析植物对环境做出反应的过程

植物从感受环境刺激到做出反应需要一定时间，时间的长短取决于植物受刺激的强度以及植物自身的生理特征。植物身体各个部位都能对环境做出反应，比如植物的根部在受到环境影响后，其他部位也会对环境做出反应。这就说明，外界刺激对于植物的影响不仅造成植物某个器官的反应，还会影响植物的整个生理过程。而这个过程就是植物的信息传递过程。在信息传递过程中，根据外界刺激的强度，植物做出的反应也不同。探究信息在植物体内的传递范围和方式，人们可以发现，它有两种传递方式，一种是信息在植物细胞内的传递，一种是细胞间信息的传递。植物对外界环境做出刺激的过程也就是植物信息传递的过程。

二、认识植物对环境的感知过程

不同植物对环境的需求不同。植物通过自身的器官或者生理反应来感知环境，而环境也有一定的强度，比如，阳光照射植物，只有达到一定的光照值，植物才能开花结果。还有外界的病原体对植物的作用，在不同的环境下，植物的生理现象也不同。

（一）分析植物的向地性生长

植物的根具有向地性。这是重力引起的，提出这个研究的生物学家是达尔文，他认为植物根部的一些营养物质受重力影响导致根向地生长，因为植物的根部有一个重力的感受器，能够感知植物的重力，进而引起植物生理变化。该猜想经后来研究逐渐得以证实。除了根的向地性，植物还有向阳性，原因是在阳光作用下，植物体内的生长素分布不均匀，其扩散速度也不同。例如，向日葵总是向阳生长，这是由于光作用引起其生长素分布不均匀，导致形态特征发生变化。

（二）分析植物对外界病原体和其他病菌的感知过程

目前，植物对环境的适应研究主要停留在分子水平上。病原体侵入植物体内，会影响植物的生理作用，导致其叶子出现斑块等。生物环境对植物造成的影响是直接的，还会遗传给其下一代，影响整个植物的生长发育。植物对环境因子的感知是通过植物体内一些特定的器官或者外观结构进行的，不同植物对环境的感知强度不同。通过研究植物与环境的关系，人们能够发现植物与其他生物的共存特征，这对于探究植物与微生物环境有重要作用。

三、植物对环境适应的具体体现

（一）植物对环境的适应主要通过两者的相互作用实现

环境可能有利于植物生长，也有可能影响植物生长。首先，就植物的渗透压进行阐述。植物的渗透压与外界环境有很大的关系，渗透压主要是通过植物体液浓度的变化改变的，这与植物本身的生理特征有关，比如，植物体内的各种离子的含量不同，对于外界的一些离子的吸收程度也不同，植物一旦吸收足够多的离子，就会将多余的离子排出体外，这是通过对环境的感知实现的。植物体内本身就有调节渗透压的机制，一些无机的离子通过生物膜的识别作用能够进入植物体内，维持植物的正常生长繁殖。这也促进了人们在生物膜技术上的研究，人们对生物膜的研究水平也不断进步，人工脂膜的出现就是最好的证明。另外，电学测定技术在研究离子的吸收过程中有重要作用。通过探究这些问题，人们能够研发一些控制离子通道的机械，进而提高我国的离子探究水平。人们能够提升对植物渗透压体系的研究水平，将一些离子从植物体的膜上分离出来。研究植物膜的性质，有助于扩大研究领域，上升到原子水平。

（二）探究植物对环境适应而体现的抗性

从抗冷性角度研究，一般情况下，植物体内的某些物质能够帮助其抵御寒冷，而抗冷性比较好的植物脂膜的不饱和度一般比较高，能够保留较多的能量，在低温的情况下，植物也能正常进行生理活动，不受影响。利用这个特性，人们可以选择一些耐寒植物做绿化，提高其成活率，降低绿化成本。而植物的这种特性在遗传中也有体现，近年来，人们利用植物对环境的这种适应性发现了很多东西，在认识植物的组成上取得显著成果。仅仅从这个角度探究植物的抗逆性是远远不够的，人们还要根据具体环境进行分析，深入了解植物对环境适应的具体体现。

四、从植物对环境的适应中认识环境资源利用的有效途径

（一）植物对环境的利用可以体现在生态方面

在生态方面，植物对环境的利用包括对光照、水等自然资源的利用。在此研究基础上，通过改变植物的配置结构，人们可以提高植物对光能的利用效率。在农业生产中，提高植物对光能的利用率，有利于提高农作物生长速度，实现资源合理利用和农业增产，降低成本投入。水资源在植物生长中的利用，能够为植物的生长发育提供大量水分，有利于提高植物结合水的比重，提高植物新陈代谢速率。这对于研究植物的渗透压和体液有重要作用。部分科学家也重视热能对植物生长的影响，用逻辑思维判断植物生长过程中如何充分利用环境资源，根据不同的环境条件，利用不同的环境资源，提高生产效率，合理预测植物生长趋势，指导农业作业，制定科学的植物栽培计划。近年来，针对植物对环境的适应，有科学家提出了植物与环境相互作用的数学模型，旨在研究植物不同器官的功能，总结环境对植物的影响和植物对环境的反作用。

（二）植物对环境的适应和对环境资源的利用建立在生态的基础上

目前，环境资源的利用主要体现在农业生产和宇宙资源的开发上。在农业方面，人们要根据环境特征选择适合农作物生长的环境，为植物生长提供适宜的条件。在开发宇宙资源的过程中，人们要结合植物的具体生长习性选择不同的环境条件，提高植物对环境的适应性，可以采用工程技术在宇宙建立空间站，营造一个稳定的生态系统，要考虑到植物的重力因素，还要考虑到重力对其生理的影响，特别是在代谢方面的影响。

（三）植物对环境的适应在遗传上也有重要体现

植物对环境的适应也体现在遗传方面，比如，旱生植物的生长过程缺乏水，但是它们能够利用空气中的其他物质合成自己生命活动所需要的营养物质，如二氧化碳等，通过光合作用固定碳元素。在自然界中，还有一些植物固碳的方式与旱生植物不同，其合成的碳元素形式是三碳化合物。但是，在环境改变时，旱生植物也能合成三碳化合物，其间需要适当的诱导。环境因素对植物的影响是非常大的，部分是因为遗传物质的改变，部分是因为外界环境的诱导。比如，在逆境可以诱导蛋白物质，使其基因以另一种形式表现出来，在低温条件下，其会生成一些分子量比较小的蛋白。另外，一些光线的影响也会导致植物变异，比如，紫外线照射能够产生紫外蛋白。这些研究有助于提高我国植物遗传技术水平，

人们可以通过调节外界环境，改变植物的遗传因素，使其表现多种生理特性。

受遗传因素影响，不同植物在不同环境表现的生理特征不同，但又不是决定性的。随着外界环境的改变，植物的遗传物质也可能发生变化，植物与环境是互影响，植物通过自身特定的感受器官能够感受外界环境的刺激，并做出相应的反应，而植物也能吸收环境中的一些有害物质，改善空气质量。在研究植物对环境的适应性时，人们要从环境对植物的影响和植物对环境的适应两个方面进行，探究两者的相互作用，提高环境资源的利用率。因此，人们要充分利用光能、水能、热能和其他能源，提高植物生长速度，促进农业生产，为农业带来更高的经济收益。同时，人们还要在遗传学的基础上加深研究。

第五节　微重力环境影响植物生长发育

微重力是最独特的空间环境条件之一，研究微重力对不同植物种类以及不同植物部位的影响是空间生物学的重要内容之一，对于建立生物再生式生命保障系统意义重大。生物再生式生命保障系统是未来开展长期载人空间活动的核心技术，其优势在于能在一个密闭的系统内持续再生氧气，水和食物等高等动物生活必需品，植物部件是生物再生式生命保障系统的重要组成部分。了解和掌握微重力对植物生长发育的影响，有助于采取有效的作业制度确保其正常生长发育和繁殖，是成功建立生物再生式生命保障系统的首要关键。该文就植物在空间探索中的地位和作用，地面模拟微重力的装置以及国内外有关微重力对植物的影响做一综述。现有的研究结果包括，未来长期的载人航天任务需要植物通过光合作用为生物再生式生命保障系统提供部分动物营养、洁净水以及清除系统中的固体废物和二氧化碳；三维随机回旋装置是目前地面上模拟微重力效应的主要装置之一，尤其适用于植物材料的长期模拟微重力处理；国内外有关微重力对植物影响的报道生理生化水平多集中在植物的生长发育和生理反应，比如表型变化或者与重力相关的激素或者钙离子的再分配，细胞或亚细胞水平主要有细胞壁、线粒体、叶绿体以及细胞骨架等，基因和蛋白质表达水平的研究对象主要为拟南芥。由于实验方法和材料之间的差异，微重力对不同植物或者植物不同部位在各个水平的影响效果并不一致，未来需要开展更多的相关研究工作。

在我国，"天宫一号"已成功发射，这应该只是个预演，随着世界各国对太空资源的开发利用程度越来越深，未来我国要发展自己的长期的有人值守的空间在轨装置。为此，必须建立稳定、可靠的生命保障系统用以确保一些长期的在轨实验顺利开展。当前开放式的生命保障系统主要基于物理—化学的方式，这种方法依靠存储和定期再供应生活物资，能实现一定程度上的再生，已可靠地为美国空间项目服务了很多年，但这种主要依靠发射运送生保系统的传统方法存在众所周知的缺点：比如搭载费用高，装运存在风险以及无法用无机物合成食物等问题，存在风险是因为物品在装载、发射对接以及运行等都在一定程度上存在失败的可能性；承载费用高也是一个弊端，根据目前的技术，搭载 1kg 重量的物资需要花费大概 10 000 美元的费用，这个费用会随着人类探索的扩展而进一步增加。

生物再生生命保障系统，也称为高级生命保障系统，或者控制生态生命保障系统，或者微生态生命保障系统，已提出并存在了几十年，是建立长期有人值守的空间站或者空间农场的基础。虽然生物再生式生命保障系统的引入增加了发射的成本，但从长远来看，能极大地减轻定期、重复供应生保物资的经济压力。对于一个有 6 个以上乘员、时间超过 3 年的飞行任务来讲（比如火星探测），这种能够再生的生命保障系统的优势非常突出。鉴于此，人类要把探索的脚步迈向更深的宇宙，发展生物再生式生命保障系统势在必行。

一个典型的 BLSS 循环需要植物发挥其独特的作用完成。高等植物是动物营养的主要生产者，糖类、脂类、蛋白质、膳食纤维和维生素等都可以通过光合作用合成，植物光合作用还可以固定环境中的高浓度 CO_2，释放 O_2，从而达到调节环境中 O_2 和 CO_2 浓度平衡的作用，同时光合作用的生物量供给高等动物生命活动必需营养元素，而高等动物的代谢废物又可以供养植物，因此实现植物、动物互惠互利；通过呼吸作用，可以从植物获取一定量的净化水供乘员使用。由此不难看出，BLSS 的优势在于它能在一个密闭的再生的系统内持续供给氧气、食物等高等动物必需品。一旦氧气、水以及食物等由于某种条件限制（比如距离）无法通过运输经常从地球上获得，只有生物再生式生保系统能将代谢废物转变为可供利用的生物量。在 IBMP RAS 和 IBP SB RAS 中进行的 BLSS 的实验表明 10 m^2 种植面积的植物一天可以产生 180 ~ 210g O_2，可以为 6 个乘员提供 5% 氧气，3.6% 的水以及超过 1% 的主食或者 20% 蔬菜。LSS 植物部件的引入，对于改善乘员的饮食，提高工作效能具有积极意义。除此之外，植物作为 BLSS 部件重要的优势还有种子体积小、易于携带、抗逆性以及生命力强等。植物的绿叶和鲜花还可以为密闭、狭小和嘈杂的空间在轨系统提供勃勃生机和活力，这对于舒缓乘员紧张压抑的心境，缓解肉体倦乏具有相当积极的作用。"和平"号空间站"Svet"温室既是具有这种功能的一个代表。

一、空间微重力环境及地面模拟实验

植物在地球上受到持续重力刺激，重力影响植物繁衍进化。关于重力对植物的影响已经研究了数个世纪，现已知重力作为一个物理因素影响植物器官的定向（向重力性）和植物发育（重力形态反应）。植物向重力性是指植物器官相对于重力所发生的弯曲反应，而植物重力形态反应是指重力对植物发育影响产生的效果。研究表明，植物器官相对于重力的不正确定位，引发植物形态发生某些变化。重力对植物垂直方向的影响知之甚少，因此植物重力形态反应的研究有必要包含对植物在重力和微重力条件下的表现进行比较。

地球上的物体受到的重力大概是 9.8 $m·s^{-2}$，定义为 1g。通常意义的微重力是指某处有效重力水平低于此重力，一般为 10^{-3} ~ 10^{-6}g。这里需要区分几个概念：低重力是指重力小于 1 g 但大于 10^{-3}g；失重是指加到物体上的净重力相当于 0；0g 是指物体没有受到任何重力作用；超重力是指重力大于 1g。

任何空间微重力实验都需要大量的地面模拟准备实验作为基础，并且分析两者之间的关联以便于利用地面模拟实验弥补空间微重力实验条件相对不足并且造价昂贵的缺憾。创造微重力条件可以使用落塔、抛物线飞机、火箭或者在轨卫星，如飞船或者空间站等。这些方法所能达到的微重力水平和时间各不相同，但这些方法都在真正的实验室应用中受到了限制，因为能够提供的时间有限或者可以利用的机会很少，这些弊端在对植物的研究上表现得极其明显。

植物生理学家近一个世纪以来一直使用一种叫作"回旋仪"的装置模拟微重力，这实际上是在空间实验资源非常稀少的条件下一种迫不得已的措施，这一方法的前提假设是一定的旋转速度可以"迷惑"细胞对重力方向的感知，并且重力方向改变的速度快于细胞对重力方向的感知的响应时间窗口，因此严格来讲，旋转培养器可以产生类似微重力的效应，但并不等价于微重力的作用机制。一般二维旋转培养器残留的离心力水平为 10^{-3} ~ 10^{-2}g，这种影响在研究植物对微重力响应所使用的较大尺寸旋转机构上会更大一些（因为旋转直径较大）。

为更有效地模拟微重力效应，随着研究工作的进一步开展，回旋仪已经从最初的只沿着水平方向、以固定的速度旋转，发展为可以沿着水平和垂直两个方向、并在一定的速度范围内（0 ~ 2RPM）随机旋转，这种旋转可以是位于其上的植物不停改变对重力的方向，这样最大限度的抵消地球上的单侧重力效应（但实际上重力没有消失）。水平和垂直方向的转动分别由两个减速步进的马达驱动，照明装置固定于旋转轴的对面。这种旋转方向和速度都随时间随机改变的设备称为三维回旋装置。至于此上的材料所能感受的最大重力加速度可以低至 10^{-3}g。到目前为止，确实有部分空间实验结果与在地面使用旋转培养器得到的结果相似或者一致，但两者的机制却完全不同，尽管如此，使用旋转培养器用于微重力效应的模拟研究，仍是目前的地面微重力生物学研究的主要方法之一。

二、国内外研究微重力对植物影响的主要进展

越来越多的对生物复杂机制的研究表明，环境因素作为一种独特的、必需的调节信号，在影响植物发育的、异乎寻常复杂的基因调控网中的特殊作用。微重力是太空最重要也是最独特的环境条件之一，改变正常重力条件对植物而言意味着一种环境胁迫，研究真实以及模拟微重力对不同植物种类，不同植物部位的影响诸多已见文献报道，以短期或者模式植物拟南芥居多，研究方向集中在植物的生长发育和生理反应，比如表型变化或者与重力相关的激素或者钙离子的再分配。

（一）植物营养生长方面

（1）发芽和主根定位三维回旋装置对很多植物物种发芽以及营养生长几乎没有影响，短期处理能保持正常，但影响形态发生以及生长定位，取决于胚的方位，长时间处理（5d以上）表现出生长延滞，休止直至死亡。植物根系具有向重力性，正常条件下垂直生长，

但回旋处理影响了根的向重力性，表现为弯曲或盘旋生长，甚至表现负向地性，表型类似一个负向地性突变体。玉米的主根经三维回旋处理后不再垂直生长，而是表现一定程度的弯曲。空间飞行实验表明，真实微重力条件下，水稻根弯曲的表现和三维回旋处理一致。微重力条件下主根弯曲可能与植物自身的一些特性相关，在正常重力条件下被修正。模拟微重力条件下主根生长与定位研究表明，在单侧重力刺激缺失的情况下，植物根尖可能会向各个方向发生弯曲，取决于种子中胚的方位。

（2）根系生长在过去的很多实验中观察了植物根系生长指数，然而结果通常是彼此矛盾的，这可能归因于植物种类，培养条件，处理时间以及苗龄。分析已有的研究结果发现，模拟微重力在处理 1~2d 之内对主根生长没有影响，几天后表现为刺激生长（时间根据品种有所不同），随后表现轻微的抑制作用。因此可见，模拟微重力对主根的生长的作用是微弱并且可以累积的。水稻根系在空间微重力条件下比地面对照显著增长，空间微重力刺激根系增长的程度随生长进行更加明显。甘蓝型油菜经回旋处理后其根系表现与此相似，经 5d 回旋处理后，主根变长变细。空间条件下生长的拟南芥根毛数量大增，推测可能与生长环境中乙烯的积累有关。模拟和真实微重力条件下，主根的顶端优势削弱，侧根加速生长，这可能是因为微重力改变了根系生长素之间的平衡。

（3）地上部分生长多种不同的植物材料经三维回旋模拟微重力处理后，其地上表型变化大致可以分为两种：一种在生长点位置呈现自发弯曲，胚芽鞘和上胚轴即属于此类；另一种是不发生弯曲，仍然直立生长，下胚轴属于此类。Claassen 和 Spooner 的研究表明在微重力条件，地上部分生长势下或高或低于正常重力条件。研究微重力对植物地上部分生长最著名的实验是在俄罗斯"礼炮"号 -6 和"礼炮"号 -7 航天飞机时开展的。实验材料分别选取了拟南芥、水芹以及生菜，结果表明，相对于设于空间条件下的 1g 对照、0.01g 和 0.1g 微重力条件下，受试材料的下胚轴增长了 8%~16%。

比较微重力条件下植物地上和地下部分的生长情况发现，微重力对这两种器官的影响大致相似，表现为前 1~3d 内不产生明显效果，随后将近一周时间内起到促进作用，再以后则会对主根和茎的顶端优势起一定的抑制作用（Perbal，2006）。结合回旋仪实验结果发现，微重力对根系的影响比茎严重（Hoson et al.，2001）。

（4）激素水平生长素和脱落酸参与植物的向重力反应，因此很可能在微重力的影响下，植物体内其极性运输和分配会受到抑制，从而导致植物的生长和发育受阻，尤其是在生殖阶段。Aarrouf et al. 研究发现菜籽幼苗回旋处理 5、10 以及 25d 后，前两者相对应对照含量略高，但到 25d 后基本相同。结果说明，模拟微重力对激素的影响体现在植物生长的特定阶段。黄化豌豆幼苗上胚轴中生长素极性运输在三维回旋条件下没有太大改变，因此其自发形态发生与 1g 对照相同。由此，模拟微重力对植物激素的含量和发布的影响甚微，但是可以累积，作用于生长发育一段时间之后。

（二）细胞壁发育

微重力对植物细胞壁的影响体现在纤维素和木质素的含量减少上。最近的通过对拟南芥胚轴和水稻胚芽鞘的物理特性的研究发现，细胞壁的塑性不可逆增加。而 Hoson et al. 对空间飞行后的水稻根系材料的研究，表明单位体积内纤维素和结构多糖的含量明显降低，但高相对分子质量多糖在半纤维素组分中所占比例明显上升，说明微重力降低细胞壁的厚度，导致空间条件下水稻根系伸长增加。细胞壁这些成分的变化将能影响其机械性能，而这又有可能与微重力条件下高等植物根和茎的自发弯曲相关。通过对小麦的细胞壁分析显示，STS－51 上飞行 10d 对细胞壁生物聚合物的合成和纤维素微纤丝的沉积影响甚微。空间微重力条件对烟草 BY－2 细胞形状、微管和纤维素微纤丝的组织影响甚微。

（三）细胞和细胞亚结构

微重力环境影响细胞周期，细胞生长和细胞增殖这两个过程在地面环境下紧密关联，但实验表明空间微重力环境加速细胞增殖，与之相反的是细胞生长受到了阻滞，因此两者表现出了不同步性。微重力影响细胞骨架中碳水化合物和脂类代谢，改变钙离子信号参与的蛋白质表达。微重力对植物细胞的影响是改变了细胞间钙离子的浓度平衡，从而影响依赖钙离子的细胞骨架重组，导致植物对重力的反应发生改变。相对于 1g 的地面对照，无论空间真实微重力还是模拟微重力条件，植物样品单个细胞中细胞分化能力增强，并且伴随着核糖体生物合成减少。拟南芥幼苗经空间飞行 4d 后，其根尖分生区细胞中核糖体体积和活性均比地面对照有所降低。三维回旋仪处理拟南芥根尖后比较原质体定位，结果与真实微重力条件相同，细胞中超微结构也没有根本性的影响。通常情况下，边缘分生组织细胞内细胞器体积减小，线粒体浓缩，基质电子浓度升高，脊膨胀导致相对体积增加，但数量没有变化。而在核心分生组织，线粒体规模和超微结构与之相似。回旋处理 3、5、7d 后的水稻叶绿素含量高于对照，但叶绿素 a／b 值降低，处理 7d 后，叶绿素含量增加的速度放缓。在研究选择的梨、桃等木本植物中，模拟微重力对花粉的萌发数量、花粉管发育影响很小，但也有研究材料中核酸组成和精细胞迁移受到一定程度的阻碍，与品种有关系。Lepidium 根系淀粉粒的分布，经 RPM 模拟微重力和真正微重力条件下相同，但模拟微重力处理的淀粉粒体积增大，而一项利用野生型和淀粉粒合成突变体的研究表明，经空间搭载实验后，这两种材料中淀粉的含量均低于各自的对照。

（四）基因和蛋白表达

三维回旋处理对拟南芥蛋白质表达的影响甚少，并且影响是短暂的，因为结果表现16 小时回归到正常的表达模式。空间飞行 4d 的拟南芥二维蛋白电泳显示与地面对照表现出明显差异。国际空间站生长 23 d 的矮生麦与同龄的地面对照比较基因表达没有明显改变，与之相反，fern Ceratopteris richardii 在空间微重力条件下基因表达发生明显变化的情况。Paul et al. 报道拟南芥经过空间飞行微重力处理后，182 个基因表达量高于地面对照 4 倍。

拟南芥悬浮细胞系也表现出相同的反应，这些基因包括：氨基酸转运体、精氨酸脱羧酶、甘油二酯激酶、丝氨酸激酶、MAP 激酶、磷脂酰肌醇特异性磷脂酶、丙酮酸激酶、受体样激酶和一个 WRKY 型基因。这些研究结果可能预示着植物基因组对微重力处理的敏感程度依赖于基因组的大小。Hyuncheol et al. 利用 Microarrays 研究了三维回旋处理 6d 后拟南芥基因表达变化情况，这也是目前为止处理时间最长的报道。研究结果显示，约有 500 个基因的表达发生了明显变化，其中 325 个表达上调，177 个表达下调。

三、微重力对植物影响的研究趋势

国内外的研究微重力对植物的影响的报道有的采用真实空间微重力条件，也有地面实验利用三维回旋模拟微重力，研究层次体现在生理水平，细胞或者亚细胞结构水平以及基因表达水平的，研究所涉及的植物材料有多种，但对于长期微重力条件下植物的表现研究很少。短期空间或者模拟实验（通常 2 ~ 14d）在研究微重力效应对植物一些特定方面的影响已经非常有效，比如膜生理、胞间通信、基因表达调控、酶活性、细胞再生和分化以及重力感应细胞的组织化等。但是，如果要了解植物细胞或者组织对微重力的适应能力，明确植物在空间环境的世代更替能力，长期实验（半个生长周期或者更多）是非常必需的，可以使得研究者了解植物在这个条件下的反应如何以及采取何种有效方法保证植物很好的生长和发育。

近年来，利用不同的微重力模拟装置开展了大量的并且针对不同物种的研究工作，由于模拟微重力的方法、植物材料等之间的差异，目前关于微重力对植物的影响研究在各个水平上并无规律性的或者一致性的结论。并且大多数的研究者并没有将模拟微重力实验的结果与空间微重力条件下的实验结果进行比较，没有这样的直接比较，很难说清楚植物产生的反应是来自于这种装置的模拟微重力效应还是模拟技术本身可能带来的副效用。因此，针对某一种模拟微重力装置是否有效不能定论，今后在开发新的模拟微重力装置方面的研究工作时应首先注重这方面的实验设计。

研究空间微重力条件下植物的反应机制有助于我们理解地球重力对植物生理过程、重力感应以及器官极性等方面的影响，目前此项研究工作仍然任重道远。随着分子生物学技术的发展，尤其是多种模式植物基因组测序工作的完成，利用遗传学和基因组学技术，从基因组水平或者蛋白质组水平研究植物重力学和空间生物学，将有助于从分子本质理解植物对空间条件的反应的机制，并且利用这种机制采取措施以使植物适应空间的条件，比如可以利用基因工程的方式改造或者调控植物对空间条件的反应，培养出适应空间环境的新品种。

第六节　园林植物生长的水分环境调控

水分条件对园林植物的生长发育影响很大，极端水环境对园林植物危害极大。借助一些人为措施来调控园林植物生长水环境为园林生产服务，是当今乃至今后相当长时间内园林生产刻不容缓的重要课题。

一、节水灌溉

（1）喷灌技术。喷灌是利用专门的设备将水加压，或利用水的自然落差将高位水通过压力管道送到田间，在经喷头喷射到空中，散成细小水滴，均匀散布在农田上，达到灌溉目的。喷灌可按植物不同生育期需水要求适时、适量供水，且具有明显的增产、节水作用，与传统地面灌溉相比，还兼有节省灌溉用工、占用耕地少、对地形和土质适应性强，能改善田间小气候等优点。

（2）地下灌溉技术。把灌溉水输入地下铺设的透水管道或采用其他工程措施普遍抬高地下水位，依靠土壤的毛细血管作用浸润根层土壤，供给植物所需水分的灌溉技术。地下灌溉可减少表土蒸腾损失，水分利用率高，与常规沟灌相比，一般可增产 10%～30%。

（3）微灌技术。微灌技术是一种新型的节水灌溉工程技术，包括灌溉、微喷灌和涌泉灌等。它具有以下优点：一是节水节能。一般比地面灌溉省水 60%～70%，比喷灌省水 15%～20%；微灌是在低压条件下运行，比喷灌能耗低。二是灌水均匀，水肥同步，利于植物生长。微灌系统能有效控制每个灌水管的出水量，保证灌水均匀，均匀度可达 80%～90%；微灌能适时适量的向植物根区供水供肥，还可以调节株间温度和湿度，不易造成土壤板结，为植物生长发育提供良好条件，利于提高产量和质量。三是适应性强，操作方便。可根据不同的土壤渗透特性调节灌水速度，适用于山区、坡地、平原等各种地形条件。

（4）膜上灌技术。这是在地膜栽培的基础上，把以往的地膜旁侧改为膜上灌水，水沿放苗孔和膜旁侧灌水渗入进行灌溉。膜上灌投资少，操作简便，便于控制水量，加速输水速度，可减少土壤的深层渗透和蒸腾损失，因此可显著提高水分的利用率。近年来，由于无妨布（薄膜）的出现，膜上灌技术应用更加广泛。膜上灌适用于所有实行地膜种植的作物，与常规沟灌玉米、棉花相比，可省水 40%～60%，并有明显的增产效果。

（5）植物调亏灌溉技术。调亏灌溉是从植物生理角度出发，在一定时期内主动施加一定程度的有益的亏水度，使作物经历有益的亏水锻炼后，达到节水增产，改善品质的目的，通过调亏可控制地上部分的生长量，实现矮化密植，减少整枝等工作量。该方法不仅适用于果树等经济作物，而且适用大田作物。

二、集水蓄水

（1）沟垄覆盖集中保墒技术。基本方法是平地（或坡地沿等高线）起垄，农田呈沟、垄相间状态，垄作后拍实，紧贴垄面覆盖塑料薄膜，降雨时雨水顺薄膜集中于沟内，渗入土壤深层，沟要有一定深度，保证较厚的疏松土层，降雨后要及时中耕以防板结，雨季过后要在沟内覆盖秸秆，以减少蒸腾失水。

（2）等高耕作种植。基本方法是沿等高线筑埂，该顺坡种植为等高种植，埂高和带宽的设置既要有效地拦截径流，又要节省土地和劳力，适宜等高耕作种植的山坡要厚 1m以上，坡度 6°～10°，带宽 10m～20m。

（3）微集水面积种植。中国的鱼鳞坑是其中之一。在一小片植物或一棵树周围，筑高 15cm～20cm 的土埂，坑深 40cm，坑内土壤疏松，覆盖杂草，以减少蒸腾。

三、少耕免耕

（1）少耕。少耕的方法主要有以下深松代翻耕、以旋耕代翻耕、间隔带状耕种等。中国的松土播种法就是采用凿形或其他松土器进行松土，然后播种。带状耕作法是把耕翻局限在行内，行间不耕地，植物残茬留在行间。

（2）免耕。免耕具有以下优点：省工省力；省费用、高效益；抗倒伏，抗旱、保苗率高；有利于集约经营和发展机械化生产。国外免耕法一般由三个环节组成：利用前残茬或播种牧草作为覆盖物；采用联合作业的免耕播种机开沟、喷药、施肥、播种、覆土、镇压一次完成作业；采用农药防治病虫、杂草。

四、地面覆盖

（1）沙田覆盖。沙田覆盖在中国西北干旱、半干旱地区十分普遍，它是由细沙甚至砾石覆盖于土壤表面，起到抑制蒸发，减少地表径流，促进自然降水充分渗入土壤中，从而起到增墒、保墒作用。此外沙田还有压碱，提高土壤温度，防御冷害作用。

（2）秸秆覆盖。利用秸秆、玉米秸、稻草、绿肥等覆盖于已翻耕过或免耕的土壤表面；在两茬植物间的休闲期覆盖，或在植物生育期覆盖；可以将秸秆粉碎后覆盖，也可在整株秸秆直接覆盖，播种时将秸秆扒开，形成半覆盖形式。

（3）地膜覆盖。有提高地温，防止蒸发，湿润土壤，稳定耕层含水量。起到保湿作用，从而有显著增产作用。

（4）化学覆盖。利用高分子化学物质制成乳状液，喷洒到土壤表面，形成一层覆盖膜，抑制土壤蒸发，并有增湿保墒作用。

五、耕作保墒

（1）适当深耕。生产实践中，通过打破犁底层，可以增加土壤孔隙度和土壤空气孔隙度，达到提高土壤蓄水性和透水性的目的。如果深耕再结合施用有机肥，还能有效提高土壤肥力，改善植物生活的土壤环境条件。

（2）中耕松土。通过适期中耕松土，疏松土壤，可以破坏土壤浅层的毛管孔隙，使得耕作层的土壤水分不容易从表土层蒸发，减少了土壤水分消耗，同时又可以消除杂草。特别是降水或灌溉后，及时中耕松土显得更加重要。能显著提高土壤抗旱能力，农谚"锄头下有水"就是这个道理。

（3）表土镇压。对含水量较低的沙土或疏松土壤，适时镇压，能减少土壤表层的空气孔隙数量，减少水分蒸发，增加土壤耕作层及耕作层以下的气管孔隙数量，吸引地下水，从而起到保墒和提墒的作用。

（4）创造团粒结构体。在植物生产生活中，通过增湿有机肥料，种植绿肥，建立合理的乱作套作等措施，提高土壤有机质含量，再结合少耕、免耕等合理的耕作方法，创造良好的土壤结构和适宜的孔隙状况，增加土壤的保水和透水能力，从而使土壤保持一定量的有效水。

（5）植树种草。植树造林，能涵养水分，保持水土。树冠能截留部分降水，通过林地的枯枝落叶层大量下渗，使林地土壤涵养大量水分。同时森林又能减少地表径流，防止土壤冲刺和养分的流失。森林还可以调节小气候，增加降水量。森林具有强大的蒸腾作用，使林区上空空气湿度增大。据测定，森林上空空气湿度一般比无林区高 12% ~ 15%，因而增加了林区降水量。

（6）水肥耦合技术。通过对土壤费力的测定，建立以肥、水、作物产量为核心的耦合模型和技术，合理施肥，培肥地力，以肥调水，以水促肥，充分发挥水肥协同效应和激励机制，提高抗旱能力和水分利用效率。

（7）化学制剂保水剂、抗旱剂等物质，减少水分蒸发，增加作物根系蓄水利用的一种保水节水技术。

六、水土保持

（1）水土保持耕作技术。主要有两大类：一是以改变小地形为主的耕作法，包括等高耕种、等高带状间作，沟垄种植（如水平沟，垄作区田、等高沟垄、等高垄作、蓄水聚肥耕作、抽槽聚肥耕作等）、坑田、半旱式耕作，水平犁沟等；二是以增加地面覆盖为主的耕作法，包括草田带轮作、覆盖耕作（如留茬覆盖、秸秆覆盖、地膜覆盖、青草覆盖）、少耕（如少深松、少耕覆盖等）、免耕、草田轮作、深耕密植、间作套钟、增施有机肥料等。

（2）工程措施。主要措施有修筑梯田、等高沟埂（如地埂、坡或梯田）、沟头防护工程、谷坊等。

（3）林草措施。主要措施有封山育林、荒坡造林（水平沟造林、鱼鳞坑造林）、护沟造林、种草等。

第七节 环境影响下植物根系的生长分布

由于各地区所处环境条件的差异，植物的生长受到各地限制性条件的影响。根系在植物的生长发育及生命活动中具有重要作用。环境胁迫首先直接影响到根系的生理代谢，进而影响到整个植株的生命活动。近年来，关于植物根系在环境条件下的生长与分布特征研究越来越引起人们的重视，特别是应用在品种鉴定和品种选育等方面。本节综述了国内外学者在该领域的相关研究成果，主要从水分、养分、土壤性状、重金属含量、光质方面加以论述，以期为极端环境下学者的相关研究提供参考。

根系是植物体的地下部分，是植物长期适应陆地条件而形成的一个重要器官，具有锚定植物、吸收输导土壤中的水分养分，合成和储藏营养物质等生理功能。根系的生长与分布特征反映着一定区域的地理环境，同样，多样的生境类型以及人为干预影响下，植物根系的生长分布也具有不同的特点。随着人类的进步与科技水平的提高，研究方法得到不断地完善，为满足人类发展的需要，国内外学者关于环境影响下植物根系的生长与分布领域的研究越来越多。本节主要从水分、养分、土壤性状、重金属含量、光质方面加以论述，从各研究学者所得结果综述了环境条件影响下植物根系生长分布特征进展，并讨论当前在该领域研究的不足，为以后学者的研究提供参考依据。

一、环境胁迫条件下植物根系分布特征研究进展

（一）不同水分条件下植物根系分布特征的研究

当植物受到水分胁迫时，根系首先感受到并以根信号的形式传递给其他器官来调控植物的生长，控制水分散失。近年来，在植物水分生理领域中关于根系的研究越来越引起人们的重视，特别是在有关作物抗旱性与根系特性方面的研究开展了不少工作，有些结果已用于抗旱品种鉴定，抗旱品种选育等方面。

1. 不同水分条件下植物根系适应机制

干旱胁迫会影响作物根系生长。研究表明，不同植物、同一植物的不同生育时期根系的表现均不相同。在干旱条件下，小麦表现出以降低水分消耗而维持地上生长的耐旱节水机制，或者依赖根系的进一步发展增大吸收水分表面积来适应缺水环境。李昌晓等人研究得出，土壤水淹与轻度干旱比土壤饱和水条件更有利于池杉幼苗的根系生长，轻度干旱与

中度干旱时表现为积极应对，重度干旱时则为被动忍耐。赵兴风等人的研究表明，随着土壤含水率的降低，沙枣的株高、根长、茎叶重、根重、茎粗均随之降低。

2. 水分胁迫条件下植物根系分布特征

受水分条件的影响，植物根系在垂直与水平方向上分布都呈现一定的差异性。根系生物量随着深度的增加逐渐减少，随着滴灌量的减少，其深层土壤根系生物量有增加的趋势。孙旭伟等人的研究结果为：随着滴灌量的减少，幼苗根系生物量的分布格局有向深层发展的趋势，根冠比和垂直根深与株高之比随着灌溉量的减少而呈增加的趋势。由于土壤干旱时，植物体地上部分生长受抑制的程度较根系明显，因而干旱有利于增加植物体的根冠比。赵俊芳的研究中，发现限量灌溉、水分胁迫处理下的根系统在 30cm 以下分布相对较多，中下层土壤根系占的百分比越高。喀斯特区由于地表水缺乏，植物根系能下扎至岩溶水层。因此，水分亏缺可增加土壤深处的根量而减少靠近土表的根。

同样的，水分对植物根系的影响，不仅表现在水分的亏损上，适量灌溉和过于盈余时也对其有显著影响。长期采用滴灌后，沙枣根系大部分分布在较浅的土层，越往下分枝能力越小；灌水量梯度不断增加后，导致了根系总生物量随之增加，但不会导致深层土壤根系持续增加；根系总生物量在垂直分布上随土壤深度的增加呈逐渐减少的趋势。随着滴水量的增加地表根量分布增加，根系分布较浅，具有趋于表层化的特征。方志刚等人的研究认为，根系随着灌水量的增大横向生长趋势越明显，远离滴灌带的垂直土体所含根系生物量也越多。土壤渍水通过对土壤通透性和对根系营养代谢的影响，会使根系生物量呈现明显地减少，但不同时期影响不同。

（二）不同土壤性状下植物根系分布特征的研究

土壤是植物根系所赖以生存的场所，土壤物理性状的差异对植物根系分布有着重要的影响，主要表现在土壤类型与土层厚度两个指标上面。不同的土层厚度与土壤类型会使植物根系在土壤中的分布特征不同，而根系的分布特征与植物地上部分的生物量之间有显著的相关性，因而国内外学者在该领域的研究也十分广泛。

1. 不同土壤类型下植物根系分布特征

土壤类型不同，其理化性状不同，即土壤容重、土壤硬度、土壤孔隙度、土壤有机质含量显著不一样，从而使得植物根系呈现不同的分布特征。土壤结构良好、土质疏松、通气性能良好、有机质含量高，有利于根系生长发育。

质地不同的土壤容重不同，致使根系在土壤中的穿透阻力差别较大。与壤土相比，黏土的容重较大，故而黏土中植物的根系在上层中分布比例较大。李潮海等人的研究结果得出：玉米根系在轻黏土主要集中在上层土壤，则表层中根系的根径比轻壤土与中壤土大，深层土壤根系相对较少，其根径也较小；轻壤土玉米根系分布广且较均匀；中壤土根系的分布介于两者之间。黏土根系主要分布在上层土壤，上层土壤根系活力后期下降慢；砂土有利于根系向深层土壤生长，后期土壤根系活力下降快；而壤土对根系生长活力与时空分布的影响介于黏土和砂土之间。王绍中研究了两类旱地中小麦根系的入土深度得出，红黏土根系下扎困难，分布较浅，黄土地区根系分布较深。

容重是土壤的基本物理性质，直接影响着土壤的蓄水和通气性，间接影响着土壤的肥力和植物生长状况，尤其是影响根系的生长发育。随着土壤容重的增加，葡萄分根角度加大，水平分布变窄而垂直分布变浅；在根类组成上，容重小的土层细根比例高，容重大的土层粗根比例高；低容重土壤条件下，根系纵向分布均匀，数量多，根细而长，而高容重土壤上根系短而密度小。才晓玲等人认为，随着容重的增加，植株和根系生物量、根系吸收表面积呈显著降低趋势。王树会等研究了土壤容重对烤烟生长的影响，其结果表明土壤容重对烟株根系的影响是先促进后抑制。

关于土壤硬度、土壤孔隙度等指标对植物根系的影响亦有部分学者进行了研究，如土壤硬度对播种苗和栽种苗根系发育的影响。但土壤的这些因子是相互联系着的。如潮砂土：上层土壤含砂粒极多，赫粒极少，粒间多为大孔隙，土壤通透良好，透水排水快，根系含水量高，细胞膨胀度大，根粗，次生根少，根系体积、根干重、根密度大；下层土壤以黏土为主，黏重板结，通透性差，根系发育受阻，导致各根系参数剧减，故浅层根系生长较好。

2. 不同土层厚度下植物根系分布特征

由于各地区所处的自然环境的差异，使得土层厚度在各个地区不一样。植物根系与作物产量密切相关，而土层厚度决定着植物根系在土壤中所生长和发育空间的大小，因而关于土层厚度对植物根系的研究成果也较多。石岩等人的研究认为，土层越厚越有利于旱地小麦根系生长，根系分布于表层的比例少；土层愈薄，表层根系所占的百分数愈大，不同层次根系干重变化均随土层厚度的增加而减少。同时还得到，随土层厚度增加，根系活力增强，土层愈薄，其根系衰老愈快。Timothy、容丽等人对喀斯特石漠化区的研究得到，根系具有浅根性的特点，亦与喀斯特区土层厚度较薄有关。

（三）不同营养元素下植物根系分布特征的研究

土壤中营养元素的差异亦是影响植物根系分布的重要因子之一。不同的施肥方式、不同的施肥量以及施肥的种类不同，都会严重地影响植物根系在土壤的分布。近年来有不少学者在该领域进行了大量的研究，但所得研究结果不尽一致。垄沟深追肥使根系向纵深发展，可增加深层根系数量，使深层根干重和总根重增加。根系在不同土层分布差异较大，且随土层增加而减少，根系主要分布在耕作层（0～20cm），增施氮肥促进总根量增加，深层根系减少。有研究表明，植物根数、根长、根系活力等指标随着施氮量的增加而增加。张瑞珍等人的研究得到的结论是：同一品种，随着施氮量的增加，根重和根表面积呈现先增加后减少的趋势。邱喜阳等人的研究却认为：同等条件下，增施氮肥使根干质量和根质量密度急剧减少。而王余龙等人则认为，如果生育中期供氮水平低，生育后期适量施氮则可明显提高根系活力；如果生育中期供氮水平过高，生育后期施氮则不能提高根系活力。

氮主要影响侧根的伸长，缺铁也会抑制主根伸长，但是程度没有缺磷显著，而且铁对侧根没有影响，与之相比，磷可以影响植物从主根到侧根直至根毛的一系列变化。拟南芥在磷饥饿诱导下，主根缩短，侧根密度、根毛的数量和长度显著增加，并且，根尖到第一侧根和第一根毛的距离也大大缩短，这些改变增加了根系比表面积，并且使得根系分布更加靠近土壤表层。磷是作物必需的重要营养元素之一，但是磷在土壤中易被固定，从而降低了被作物吸收的有效性。植物在磷饥饿时有一个很明显的变化是根冠比的增加。有研究表明，剑麻根冠比随着磷肥用量的减少不断增加，在缺磷条件下剑麻的最长根有所增长。磷对根系具有刺激作用，有限范围内施磷有利于根系的生长，但施磷过多，引起土壤中营养元素比例失调，则不利于根系生长。低磷胁迫时，油菜幼苗主要通过增加根长，减少根半径来增加跟比表面积，土壤供磷水平过高，可降低各项根系参数。根半径随施磷量的增加而减小。

在其他元素邻域亦有一定量的研究，施硅肥能促进糯玉米根系生长发育。配施40%腐熟芝麻饼肥处理能明显提高根系活力和增加根系干物质量，有助于根冠比的协调；配施60%腐熟芝麻饼肥的处理有利于根系下扎，在烟草生育前期有利于增加根系干物质量，后期有助于提高根系活力。施用有机物料处理的烟株根系垂直30～40cm以及水平距茎基部20～30cm的分布均比对照增多。

（四）重金属下植物根系生长特征的研究

植物对重金属的反应首先表现在植物根部。近年来，随着土壤重金属污染问题越来越突出，关于重金属在土壤中对植物根系生长的影响也日益引起了人们的关注。尤其以重金属铝（Al）、镉（Cd）、铬（Cr）、锌（Zn）、锰（Mn）对植物根系的毒害研究颇多。

铝是地壳中含量最高，分布最广的金属元素，也是组成土壤无机矿物的主要元素。铝毒是酸性土壤中作物生长最重要的限制因素。铝毒首先作用于作物根系，表现出使根系颜色发黑、须根数目少或不长，使主根伸长缓慢、侧根大大减少、根体积下降、根鲜重和根干重明显减少。低浓度的铝对部分植物根系生长具有促进作用。高浓度的铝对作物根系的生长有抑制或毒害作用。镉是又一毒害植物生长的重金属元素。当镉对植物产生毒害作用时，首先表现在根系的形态和生理功能改变上。吴恒梅等人的研究认为，低浓度的Cd^{2+}处理下对丝瓜根系活力具有促进作用，高浓度则具有抑制作用。张利红、王连臻等人在小麦生长和黄瓜领域的研究也得到类似结果。也有学者的研究得到：高浓度的铬、锌、铅、镍、锰、锡、铜对根系的生物量和根系活力同样具有抑制作用。

（五）其他环境条件下对植物根系生长特征的影响

植物根系除受以上条件影响外，还受到盐分、光质、温度、岩性等环境因素的影响。初敬华探讨了土壤盐分与根系分布及植株生长之间的关系，结果发现：根系发达程度与土壤全盐量呈正相关。尤其对于盐生植物，低浓度的盐分使植物的主根长和总根长都有所增加，但浓度过高时同样抑制根系的生长。红光显著促进幼苗根系生长，提高根系活力；蓝光、黄光和绿光均显著抑制根系生长。张宇清的研究中得到：在两种立地条件梯田梗坝红柳根系都具有深根性的特点，但阴坡梗坝红柳根系的水平延伸范围大于阳坡，根系的生长发育状况阴坡明显优于阳坡。符裕红在对典型石漠化区根系生境及其类型的研究中得到：受岩性与岩性产状的影响，岩溶石漠化地区植物根系生长的空间不仅在地表土壤层，更多生长在地表以下的岩石裂隙形成的地下空间中。

综上所述，一般而言，不同层次根系干重变化均随土壤深度的增加而降低。但由于地区环境条件的差异，植物根系表现出不同的适应机制与分布特征，即使在同一地区，由于环境胁迫方式与强度或者植物品种的不同，亦表现出不同的生长特点。

二、结论

（1）受水分条件的影响，各层土壤中根系生物量随着土壤深度的增加而逐渐减少，但一定范围内增加水分含量，会导致根系总生物量随之增加，但不会致使深层土壤根系增加。并且过度的干旱和水饱和都会严重影响植物根系的生长发育，表现出根系参数指标呈现下降的趋势。总的来讲，当植物受到干旱胁迫时，为从较深的土壤中获取地下水分以满足植株生长的需要，植物根系具有深扎性的特点，根长而细，因而深层土壤根系生物量有增加的趋势；而在土壤渍水条件影响下，为有更好的通气性，上层土壤根系较多，根短而根径相对较大，根系趋于表层化。

（2）土壤环境决定了根系的生长分布特点。土壤类型与土层厚度对植物根系的生长与分布有着显著的相关性。

土壤质地直接关系土壤的保水性、导水性、保肥性和导温性。按土壤各粒级组合比例不同所划分的砂土、壤土和黏土三大类土壤中，一般认为，根系活力是：壤土＞砂土＞黏土。砂土有利于植物根系向深层土壤生长；黏土植物根系下扎困难，在上层中分布比例较大，上层土壤中根茎较壤土大；壤土根系空间分布介于砂土与黏土之间。高容重土壤对植物根系生长具有抑制作用，使根系水平分布变窄而垂直分布变浅，粗根比例虽高，但根短而少；容重小的土壤使植物根系生长所受的穿透阻力小，因而根数量多，根细而长，深层根分布也较多。土壤硬度跟土壤孔隙度与土壤质地、土壤容重密切相关，土壤空隙大，通透良好，透水排水快，有助于植物根系生长，根系活力强，根长也较长；土壤黏重板结，通透性差，根系发育受阻，浅层根系分布较多。

土层厚度决定了植物根系生长发育的空间大小。土壤愈薄，根系生长的范围受到限制，使得表层根系所占比例大，根系衰老愈快；土层愈厚，愈有利于根系生长，根系活力亦愈强，深层根系分布增多，分布于表层的根系比例下降。

（3）施肥日益成为人们为提高作物产量的必要方式之一。而不同施肥方式、施肥量以及施肥种类的不同，对植物根系的生长影响不同。氮主要影响侧根的伸长、缺铁会抑制主根伸长，而磷可影响植物从主根到侧根直至根毛的一系列变化。整体而言，施肥使深层根系减少，根系分布更加靠近土壤表层，但不同种类的施肥对根系生长的影响差异显著。适当的施硅肥可促进植物根系的生长；而磷饥饿反而利于根系生长，磷水平过高，根系各参数会随之下降；而施氮肥量与其是正相关或负相关，学者们的研究结果不尽一致，这需要与所处区域的环境条件、植物生长所需元素以及植物不同生长阶段加以联系分析。一般而言，施氮量与根系生长的关系呈现先增加后下降的趋势；相较单一类型的施肥方式，混合配施肥更有利于根系的生长。

（4）土壤中重金属含量所占比重不断增大，作为首先对其做出反应的植物根部来说，是影响根系生长发育的又一重要因子。部分低浓度金属（Al_3^+、Cd_2^+）是植物生长所需的，对根系的生长具有促进作用；而高浓度的重金属对植物根系有毒害作用，抑制根系的生长。

尽管国内外学者关于环境条件影响下植物根系生长与分布特征的研究较多。但在某些具体方面的研究力度不够，应成为今后研究的重要领域。植物根系的生长是受多种因子综合作用的结果，已有的研究着重单因子对植物根系生长发育的影响，今后因加强各环境因子间交互作用对其影响的研究；对局部地域研究力度不够，如对喀斯特石漠化区环境影响下植物根系生长发育特征的研究应需加强力度；研究重金属对其影响方面，应拓展更多微量元素下植物根系的生长特点，以及补缺重金属影响下植物根系分布板块的内容；大量的研究基本针对的都是作物根系的研究，考虑品种间生长各异的特点，需加大在其他林木种类根系上的研究。

植物根系的生长分布特征不仅仅受以上环境因素的影响，而本节只从较为主要的几个方面加以论述。对气候变化、植物基因遗传、树龄等方面没有提及，应在资料收集充分的条件下加以补充；所涉及的范围也有待进一步拓展，尤其是对国外学者在该领域的研究上应加以完善。

第八节　环境胁迫与植物抗氰呼吸探究

自然界中的植物类型多样，而植物的生长主要依赖于现有的环境。在生长的过程中，植物发生的物质代谢、能量代谢，以及生长发育的规律和机理都与外界环境紧密相关，而植物抗氰呼吸的发生及运行也受到环境的影响。本节主要对植物抗氰呼吸的内涵及生理意义进行阐述和分析，并结合相关实例分析环境胁迫下的植物抗氰呼吸状况及变化。

一般而言，抗氰呼吸主要存在于植物或某些真菌当中，例如天南星科、睡莲科和白星海芋科的花粉，玉米、豌豆和绿豆的种子等高等植物，并且抗氰呼吸与植物开花、发芽等所处的环境紧密相关。抗氰呼吸主要指的是植物体内存在与细胞色素氧化酶铁结合的阴离子（如氰化物、叠氮化物）时，仍能继续进行呼吸，即不受氰化物抑制的呼吸。当前针对植物生理方面的研究，越来越多的研究者关注植物在环境胁迫下植物的抗氰呼吸情况。就植物抗氰呼吸，具体阐述如下。

一、植物抗氰呼吸及生理意义

（一）植物抗氰呼吸的途径和特性

就植物的抗氰呼吸途径而言，当前最多且为人接受的观点是，植物呼吸电子从泛醌分叉，电子不经过细胞色素系统，即不经过磷酸化部位Ⅱ及Ⅲ，直接通过另一种末端氧化酶——交替氧化酶传递到分子氧，由此实现抗氰交替。当然，就植物抗氰呼吸的途径，许多学者或研究者也有其他的观点和看法，尤其是针对抗氰交替中是否有其他组分的问题，到现在该问题已经得到众多学者的肯定回答，即没有其他的组分。

（二）植物抗氰呼吸的生理意义

根据抗氰呼吸的定义及内涵可知，植物在特定的环境下仍能进行呼吸且不受氰化物的影响。如此一来，抗氰呼吸可以使得植物在生长的过程中有效抗病，也有利于植物授粉或促进植物果实成熟。以海芋类植物为例，该植物在开花的过程中，花序呼吸速率能够加快，海芋类植物内部组织的温度也会在抗氰呼吸下提升，并且超出环境温度25℃左右，这种状态延续的时间还是比较长的。而温度升高则会使得海芋类植物散发出比较浓郁的味道，这种味道会吸引昆虫，通过昆虫可以实现授粉。

二、环境胁迫与植物抗氰呼吸

植物除了受到自身发育的作用会产生抗氰呼吸的现象外，受到外界环境的影响如外界的温度、干湿度、盐度等的胁迫，也会使植物抗氰呼吸状况发生变化，以下就是环境胁迫对植物抗氰呼吸影响的几点具体分析。

（一）外界环境中盐度胁迫与植物抗氰呼吸

根据研究和实验，盐度胁迫会对植物抗氰呼吸产生一定的影响。其中 NaCl 胁迫可以影响植物当中 AOX 蛋白的表达，其引起的植物生长及呼吸的变化主要制约植物初生木质部的发育。而由于植物在耐盐性方面有所不同，盐度胁迫产生的影响程度也就不同。以小麦为例，对 2 种耐盐度不同的小麦植物进行观察，在定量的盐度胁迫之下，2 种小麦的 AP 活性变化明显存在差异。在盐度胁迫之下，植物抗氰呼吸相关成分的交替途径具体发生的变化有以下 2 点：植物抗氰呼吸运行当中，腺苷三磷酸的合成量减少；形成关键性的中间产物，植物当中的三羧酸循环发生反转，盐度胁迫下植物可进行自身调节。

（二）病原菌侵染下的植物抗氰呼吸

近几年，外界环境中的病原菌侵染对植物抗氰呼吸产生的影响主要有以下几点：植物本身进行的抗氰 AP 在亲和互作之下会导致植物感染病原菌；抗氰 AP 使得植物寄主感染

的病原菌会受到 Ca_2^+ 等信号分子的控制；植物寄主的活性氧活动受到制约，抗氰 AP 对植物寄主产生病原菌的侵染。依据以上病原菌侵染对植物抗氰呼吸产生的 3 点主要影响分析得出，抗氰 AP 运行对植物病原菌有一定的调节和控制作用。过去针对病原菌侵染对植物抗氰呼吸研究的成果并不涉及亲和互作用，但是在最近几年关于这方面的研究越加深入，并且显示出植物病原菌侵染与抗氰 AP 有着极大关系。

植物抗氰呼吸有利于植物的生长和发育，在抗氰呼吸下植物能够在某些方面有更大的生长优势。尤其是在某些外界环境因素的胁迫下，植物内部组织等会发生变化，受到影响，植物的抗氰呼吸也发生变化。本节以上主要在盐度、温度以及病原菌侵染胁迫下植物的抗氰呼吸情况，但植物抗氰呼吸还受到水分、渗透等的影响。由于经验和知识有限，以上阐述还存在许多不够全面的地方，希望广大专业人士批评指正。

第九节 植物生长和生理生态特点在海拔梯度上的表现

高山植物是重要的植物生长类型，其逐渐成为地表层中的主要构成，种类繁多、生态体系丰富。海拔梯度是由气温、湿气、阳光照射等因素构成，比较有利于对其上面生存的植物改变进行研究。海拔梯度在很大程度上影响着植物生态生理特征。因此对植物生长和生态生理特点在海拔梯度上表现的研究是非常必要的。

一、环境因子变化及对植物生长的影响

（一）温度因子变化及影响

温度因子是影响植物生长的重要因素之一，其作用于植物光合、呼吸、内部分解、物质搬运等流程中。一旦温度发生明显的变化，如高于正常值，则会导致植物出现凋落、枯萎现象，很容易束缚其生长，诱导植物灭亡。温度对植物有机物及土地等有一定的影响。有关专家曾在气温低的地区做了相关实验，对环境做"升温处理"，结果使得植物生长能力增强，繁殖和净化能力得到提高。但是如果气温没有在中低海拔地区，升高温度则会造成土壤水分大量蒸发流失，出现干燥现象，影响植物健康成长。调查显示，海拔每增加100米，气温则减少 0.6℃，且月温最低值、夏天平均温度、生长时节等都和海拔梯度成反比。

（二）水分因子变化及影响

植物生长受到水分因子的影响，水分作用于植物生长区域和其成长能力，且能够在很大程度上对丛林繁殖带来一定的影响。植物水分均匀主要通过对水分的吸入与消耗完成，其受到土壤与空气的水分相关因数影响。PET（潜在蒸散）也是影响植物生长的重要因素。如植物生长区域在水分较少的地区，则影响植物生长的核心因素为降雨。不同区域和时节

降雨量有一定差异。水分通常利用 MAR（年均雨水值）进行统计。通常，地区高度增加，其 MAR 值升高。温度降低，MAR 值降低，且 PET 减少，影响植物光合与繁殖能力效率。

（三）光照因子变化及影响

光照因子作为植物代谢的重要资源，其作用于生态体系中的很多物理、生物等领域，对植物的生态生长特点和繁殖区域有着较大的影响。社会不断发展进步的同时，对自然生态环境带来了一定的破坏，其不断排出的二氧化碳导致光照种类和能力改变，且破坏了原有的大气流动方式，云量随之改变，带来辐射影响。且植物的叶子、果实成长、凋零、休息状态也会受到这些因素变化的影响，导致出现光周期。辐射程度增加，则紫外线的数量增多，使得植物的植茎长度减少，且厚度增加。减少辐射，才会让叶茎缩小，防止水分蒸发过多。

（四）土壤因素变化及影响

America 专家科瑞多经过研究表明，海拔降低，其土壤的酸碱值和肥力等随之降低。且土壤承载能力也受到海拔梯度影响。土壤有机物化解受限于微生物，而土地的温度和湿度能够影响微生物。地区所在高度增加，其土壤温度减少，弱化微生物能力，提高有机质的量。有机质与海拔成正比。而有机质与土壤肥力息息相关，因此在很大程度上对植物生长带来一定的影响。

二、植物生长生理生态特点在海拔梯度上的表现

（一）海拔变化中植物叶形态变化

植物累积能量和物质一般利用叶片完成，其为生态体系中第一性生产主要构成。性状和特点为植物生长时适应性能力的重要体现。叶片通其性状将生态发展到整体植物部落中。张晓飞曾在相关研究中发现，锐齿槲栎的叶绿素等色素量随着海拔变化而变化，海拔梯度增加，叶片减少，且分布不均匀，片层排列失去协调性，导致类囊体体积增加。如达到4000米位置，则叶绿体为圆状，处在细胞的中间位置，片层发生明显形变，体积急速加大，脂质物体随着出现。而叶子长度和大小也随着海拔变化而变化，通常为海拔减少，叶子变薄，单叶质量减少，SLA（叶子大小面积）值增加。

（二）海拔梯度变化与植物光合作用变化

植物的生长时间会随着海拔的增加而降低，光合作用随着减弱。一种植物生长在不同海拔梯度过程中，光合能力发生明显变化。海拔较高的地区，其光合作用的适应温度比起在海拔较低的地区低。海拔较高地区的植物叶片饱和度和表观量子需求加大，暗呼吸速度减弱。然而在起净光合能力来讲，海拔高的地区能力增强，光补偿点高，饱和点低，体现出植物自高光到低光全部可以加以光合作用，且作用时长较长，没有太大的光束缚表现，

并未发生"光和午休"问题。

（三）海拔梯度变化植物化学构成差异

植物叶绿素随着海拔降低、气温变化程度增加而随之降低。白天和夜晚的温度差异增多，则叶绿素增加值越多（增加幅度在 19.7% ~ 25.3% 左右）。由于叶绿素吸收最多的尾短波蓝光，因此其海拔增加，叶绿素 b 的量会增加，使得叶绿素 a 与叶绿素 b 的比率降低。海拔增加同样会使得 Ka、N、P 的值成正比变化。由于植物叶片的 N 值作用于其吸收二氧化碳的程度，且其碳存在值和植物水分运用能力有一定的联系。与此同时，可溶性糖含量能够在很大程度上影响植物抗温能力。如植物中存在的可溶性糖较多，则其抗温能力降低。

由于目前世界气候改变以及社会变迁，高山生态环境发生了翻天覆地的改变，整个生态体系生长能力和繁殖能力等减弱。高山植物生长和生态生理特点受到海拔梯度的影响，且随着其梯度带来的环境因子的变化而随之变化。深入了解这种变化及相关性，保证植物在健康优质的生长环境生长，对整个生态环境和人类社会有着至关重要的意义。

第三章　环境对植物生长的影响

第一节　纳米材料对植物生长发育的影响

纳米材料的广泛运用，势必会对环境中的植物生长产生影响。本节总结了目前常用的纳米材料对植物种子的发芽情况研究，以期对为纳米材料在种子萌发领域的应用提供理论依据。

随着纳米颗粒的广泛使用，越来越多的纳米粒子通过各种途径进入环境中，可能对人们的健康以及生态环境造成危害，植物作为自然界的生产者，也是生态系统最为重要的环节，纳米粒子对植物的生长发育的影响，以及植物对纳米材料的吸收积累都会对高营养级的生物产生不同程度的影响。

一、对植物发芽率的影响

种子发芽是一种常用的试验植物毒性的方法，具有方法简便，成本较低，试验快速等优点。目前已有研究表明，纳米微粒对植物的发芽率有一定的抑制作用。例如：纳米 TiO_2 对油菜、黄瓜和玉米的发芽率均有抑制作用。纳米 TiO_2 对油菜和黄瓜的发芽率影响比较微弱，而对玉米发芽率的抑制作用则是非常显著的。由组氨酸包被的金纳米簇对辣椒的发芽率具有抑制作用。也有研究者以玉米为受试植物，分别对 ZnO 纳米颗粒和金纳米颗粒进行研究。以10 ~ 1000毫克/升的不同浓度梯度的 ZnO 纳米颗粒处理玉米种子，得出结论：当 ZnO 纳米颗粒的浓度升高时，玉米种子的萌发率呈下降的趋势。就金纳米颗粒是否对玉米种子发芽率产生抑制作用的研究，发现用不同方法处理过的金纳米颗粒对玉米种子的发芽率并没有显著影响。这是由于种皮对种子具有保护作用，可以防止外界污染物或病虫害对种皮内的胚胎发育产生影响，只有一些能够通过种皮的细小微粒才能对胚胎产生影响，这可能是金纳米颗粒对玉米种子萌发没有抑制作用的原因。由于金属和金属氧化物纳米颗粒的种类很多，因此，其对植物产生的影响也不尽相同，学者们对其产生的植物毒性以及是否存在植物毒性都具有争议。

二、对植物生物量和幼苗形态的影响

目前，由于纳米微粒特殊的物理化学特性，纳米材料对生态环境和生物生长发育方面的影响，受到了许多学者乃至政府的关注。目前已有很多学者对此进行研究，得到结论：一般情况下，植物经高浓度（1000～4000毫克/升）的纳米微粒作用时，植物的生物量，幼苗形态，根伸长，根活力等生理生化指标才会受到影响。例如：零价的 Fe 纳米颗粒在（2000～5000毫克/升）时完全抑制麻，黑麦草和大麦的发芽；而 ZnO 纳米颗粒在浓度为 1000 毫克/升时，可以将黑麦草根尖的所有细胞杀死。浓度为 100 毫克/升的 CuO 纳米颗粒则可以抑制玉米幼苗根的生长。

有研究表明，纳米颗粒对植物的生物量以及幼苗形态存在着抑制作用。有学者为了探究纳米 ZnO 对植物的生长发育是否存在影响，分别用 1000 毫克/升纳米 ZnO 颗粒和 100 毫克/升纳米 ZnO 颗粒处理玉米幼苗，同时设置了对照组，发现 100 毫克/升纳米氧化锌的作用下根的生物量较对照组降低了 48.4%，而 1000 毫克/升浓度的纳米氧化锌较对照组降低了 87.5%，茎的生物量也有所降低，100 毫克/升浓度下的纳米氧化锌颗粒较对照组降低了 75%，而 1000 毫克/升浓度下茎的生物量较对照组降低了 87.5%。在 1000 毫克/升的浓度下玉米幼苗叶的生物量降低的更为明显，可以达到 91.1%，100 毫克/升浓度时，也能达到 62.96%。锌是人体必需的微量元素，同时也是植物生长必需的元素，然而过量的锌对植物是有害的，对植物的生长产生抑制作用，具有一定的毒性效应。随着纳米颗粒浓度的增加，受试玉米幼苗的叶子发黄较为严重。

三、对植物生理生化的影响

纳米材料对植物的发芽率，生物量，以及幼苗形态等均有不同程度的影响，那么，纳米材料对植物的生理生化方面是否存在着某些作用？对此，很多学者做了大量研究，例如，Gao 等发现将 0.03% 的 TiO_2 纳米颗粒悬液，喷洒在菠菜的叶片表面，结果发现 TiO_2 纳米颗粒悬液可以显著的促其进生长，从而得出结论，TiO_2 纳米微粒悬液在促进光吸收的同时还能增强菠菜体内 Rubisco 酶活性，进而提高光合作用的效率，促进植物的生长。植物为了使自己免于遭受活性氧化的伤害，都有自己的一套高度发达的抗氧化防御系统，有多种抗氧化酶 CAT、MDA，过氧化物酶以及低分子量抗氧化剂等。有学者观察金纳米颗粒对玉米和辣椒体内的抗氧化酶的作用效果，来探究纳米微粒对植物的一些酶活性的影响效应。分别用通过柠檬酸还原的金纳米颗粒、ESA 包被的金纳米簇以及组氨酸包被的金纳米簇来处理玉米和辣椒幼苗。得到的结论是：随着 AuNCs@His 处理浓度的增加，玉米体内抗氧化酶的活性呈先上升后下降趋势。当 AuNCs@BSA 处理浓度增加，玉米地上部分抗氧化酶活性呈上升趋势。三种纳米材料对玉米根系的抗氧化酶活性没有显著影响，根系 POD 酶活性和 MDA 显著低于对照组。由此可见，纳米微粒对植物体内酶活性具有一定的抑制作用。

研究表明，不同的纳米粒子对植物的影响也不尽相同，对植物的发芽率、生物量、幼苗生长以及生理生化方面均具有抑制作用。纳米微粒的毒性机制与外部的环境因素以及暴露时间有着不可忽视的关系。

第二节　夜景照明对植物生长的影响

目前，从设计到规划，城市夜景照明系统都有了迅速发展，每个城市都在利用各种照明方式打造不同的城市形象。夜间照明对城市有美化的作用，对居民的居住环境也有所改善，同时也保证了城市旅游观光业的发展，它给城市带来美感的同时，也产生了很大的经济效益和社会效益。目前，有关城市夜景照明的研究主要集中在规划、设计、照明方式、亮度标准及在建筑或景观观赏中的应用等问题上，而夜景照明对景观植物生长发育影响方面的研究并不多。笔者就现有的针对景观植物的研究做一综述，分别从城市夜景照明、城市常用公共植物及光照对景观植物的影响等几个方面进行阐述，最后对以后夜景照明对景观植物的影响研究提出一些意见或建议。

一、城市夜景照明简述

国内城市夜景照明开始于 1989 年上海外滩的建筑照明，现已成为城市景观中不可缺少的部分。城市夜景照明是指城市区域所有室外活动的空间或景物的夜间照明；常见的有夜景景观照明、道路与交通照明、广场或工地照明、广告标志照明和园林山水照明等。常见的夜景照明光源有白炽灯、汞灯、荧光灯、金属卤化物灯、高强度气体放电灯、LED 灯等。在城市的规划建设过程中会常常会将照明和绿化植物结合起来进行安排和建造。根据环境不同，植物和光源有不同的搭配，以达到夜间照明及美化的作用。

二、城市常用公共植物简述

植物在城市公共空间中扮演着重要的社会和生态角色，对公共空间的美化起到一定的作用。城市常用公共植物不仅要适应当地的气候和土壤条件，还需要具有一定的观赏价值。其中，树木、花卉及草坪景观是最常见的植物景观，这 3 种形态的景观以不同的组合分布于各个城市的公共空间。城市公共植物分为城市广场植物、城市公园植物及城市街道植物等。

（一）城市广场植物

根据前人研究发现，城市广场绿地覆盖率在 50% ~ 80% 时能取得较好的景观、生态和游憩效果，形成适宜人居的小气候，营造不同景色的变化。国内各地城市地理位置差异、气候差异及土壤类型差异造成城市广场植物的种类也是各异的，这里以长沙市为例列举城市广场应用较多的植物：常见乔木包括白皮松、榕树、银杏、广玉兰、国槐、棕榈、云杉、红枫、油松等；常见灌木包括罗汉松、大叶黄杨、金丝桃、海桐、金叶女贞、南天竹、水栀子、蜡梅、海棠等；草木包括中华细叶结缕草、狗牙草、冬麦等。

（二）城市公园植物

运用乔木、灌木、藤本、竹类、花卉、草本等植物为材料，创造出与周围适应的环境被称为城市公园植物景观。不同主题的公园会选择合适的植物材料搭配来衬托主题。

（三）城市街道植物

街道植物的作用是创造一个和谐优美的城市环境，街道植物的选取常以各地的本土植物为骨干树种，再辅以绿地木本植物，比如与乔、灌、花、草等相互搭配，形成最终的景观模式。

三、光照对景观植物的影响

光照对植物的生长发育过程中有着很重要的作用，是绿色植物赖以生存的必要条件之一。光照作为能源控制着光合作用，影响植物生长发育的各个阶段；同时光照作为一种触发信号，影响着植物的光形态建成。

（一）光时对景观植物的影响

光时对植物的影响体现在昼夜光照时间的周期性变化，其中受影响较大的是植物的开花、结果、休眠和落叶等。根据植物对光照时间的生理响应可将植物大致分为长日照植物、短日照植物及日中性植物3种类型。城市夜景照明无疑增加了植物的光照时间，会影响植物生长发育过程。

（1）光时对景观植物种子萌发和幼苗生长的影响。光周期对植物和植物组织培养都有重要的影响。光照时间影响着种子的发芽，长日照条件下种子的发芽率会高于自然条件下种子的发芽率，这是由于长日照条件下有更多的同化产物向种子分配和积累。目前城市公共空间种植的植物基本都是移栽而来的，从生长地到移栽地，不同植物的光周期被统一，可能会对某些景观植物的幼苗以及种子形成造成一定的影响。

（2）光时对景观树木育苗的影响。树是城市绿化的主要植物，承担了净化空气、吸收温室气体、营造宜居环境的重任。根据前人对某些树种研究发现，延长光照时间能够促进苗木生长及抑制休眠，反之，缩短光照时间则能抑制苗木生长和促进顶芽形成，因此给某些苗木补光可以促进其生长缩短育苗时间，提高育苗效率。龙作义等给红皮云杉苗木延长光照时间促进了该树木的生长。城市道路两旁的绿化树常常会跟路灯间隔安排，路灯能够照射到的树木叶子跟阴影区树木叶子的生长状况是有所差别，这种差别因树木的种类而有所不同。

（3）光时对景观植物花芽分化及开花的影响。对于不同植物来说，光照和黑暗时间的差异会导致不同植物有不同的反应。其中，某些植物对光照和黑暗的反应非常灵敏，通过黑夜的长短来控制开花和落叶，长时间、大量的夜间人工光照射，会导致一些植物花芽过早分化，或者抑制另外一些植物的花芽分化。花芽分化是不仅植物从生长阶段进入生殖阶段的标志，而且可以直接影响到景观植物的开花数量与质量。植物能够灵敏的感知光照时间的变化，因为光周期是决定植物开花的一个重要环境因子。有研究表明每天接受光源辐射的时间如果超过确定的临界值，菊花便不会开花，风铃草则只会开花不会结果。Imaizumu 等研究发现植物开花和光周期有密切联系，很多植物只有在适宜的光周期下，一段时间才能开花，否则将会一直处于营养生长状态。徐祖明等在研究松果菊时发现，光时会对松果菊的生长发育产生影响，花芽也因光时的不同而产生变化，最适光时能够使花芽提早分化且产生的种子品质高。

（二）光质对景观植物的影响

城市夜景照明的光质不同于太阳辐射，太阳辐射的波长范围是 150 ~ 4000 nm，其中 380 ~ 780 nm 属于可见光部分，可见光对植物的生长发育最为重要。人工光源的波长不同于太阳辐射的波长，它们发出不同波长的光质对植物产生的作用不同，不适宜波长呈现出的灯光颜色会使植物的生命活动发生紊乱，甚至死亡。其中以高压钠灯和白炽灯对植物潜在的影响较大，而荧光灯、汞灯等对植物的潜在影响较小。

光质对植物的生长发育至关重要，它除了作为一种能源控制光合作用之外，还作为一种触发信号影响植物的生长。植物感知光照靠的是光受体对光照的吸收，这一过程将光照的物理能量转化为化学能量。不同光质可激发不同的受光体，进而影响植物的光合特性、生长发育、抗逆性等。光质对光合作用的调控主要包括可见光对植物气孔器运动、叶片生长、叶绿体结构、光合色素及其编码基因和光合碳同化等的调节，以及紫外光对植物光系统 II 的影响。

光质对景观植物光合作用的影响。光质通过叶绿素对植物的光合作用产生影响，叶绿素含量体现了植物对光能的吸收和转化能力，是评价植物生长发育状况的一项重要指标，不同光质对植物叶绿素含量的影响是不同的。很多研究显示，白光和红光促进植物叶绿素含量的升高，而蓝绿光抑制植物叶绿素含量的升高。但是也有研究显示某些植物蓝光处理下叶绿素的含量高于红光处理。因此光质对植物叶绿素含量的影响因植物的种类及组织器官等不同而有所不同。

此外，光合速率是表征光合作用的重要指标。一些研究显示蓝光可提高菊花叶片净光合速率的值，而红光会使得光合速率的值降低；还有一些研究结果表明红光促进植物叶片光合作用，而蓝光抑制植物叶片的光合。分析结果可能因所选物种对光质的适应程度不同而造成光质对叶片光合作用的影响不同。

光质对植物生长及代谢的影响研究。显示，红光可促进某些植物幼苗的生长，促进横向分枝及分蘖，延迟花芽分化，而远红光可消除该效应；蓝光可以抑制植物叶片的生长，减小叶面积，降低植物的生长速率。植物内部碳氮代谢物质含量也受光质的影响，研究显示蓝光有助于蛋白质的合成而红光有助于碳水化合物的增加。谢宝东等对银杏叶研究得出光质对植物此生代谢物含量影响显著，短波段利于黄酮和内酯类物质的积累而长波段有利于生长。

（三）光强对景观植物的影响

光照强度是一种环境信号，它通过植物体的光敏色素来影响植物的生长发育。由于夜间照明存在，植物叶片接收到的光照强度不同于自然状态下的光强，因此会对植物生长产生直接的影响。植物对光照强度的需求有一个上限，即光饱和点。光照强度达到上限时光合作用达到最强，超过上限时就会使植物产生光抑制从而降低植物的光合作用。由于城市亮化的需要，城市夜景照明往往会提供给城市绿化植物较强的光照强度，其中阴生和偏阴性植物受到的影响最大。

光照强度对景观植物的光合作用的影响。光强对植物的光合作用影响也是通过叶绿体进行的，植物体内的叶绿体是植物捕获光能的重要载体，其中叶绿素 a 含量反映了植物对光照的利用能力，而叶绿素总量尤其是叶绿素 b 含量可以直接反映植物对光照的捕获能力，不同光照强度对植物光合作用的影响主要是通过植物对光照的捕获利用能力来实现的。研究显示，降低光照强度可以降低高山杜鹃叶片叶绿素 a 的含量，而叶绿素 b 的含量增加，叶绿素 a/b 降低，叶绿素 a/b 的降低有利于吸收环境中的红光，维持光系统 I（PS I）与光系统 II（PS II）之间的能量平衡，是植物对弱光环境的生态适应。此外，强光环境下，过剩光能会引发氧化胁迫，对光合作用反应中心、光合色素和光合膜产生巨大伤害，植物容易产生光抑制。有研究显示强光条件下金花茶幼苗的叶绿素 a、叶绿素 b 和叶绿素总含量都减少；分析发现强光破坏了叶绿体的 PS II 系统，使光合作用的原初反应过程受到抑制，影响光合电子链的传递，从而对植株正常生长产生抑制作用。

光照强度对植物代谢的影响。碳氮代谢是植物生长发育的最基本代谢。光合作用是碳代谢的重要部分，其强度与碳代谢呈正相关。在一定的范围内，光照强度增加，促进植物的光合作用，碳代谢增强；光照强度减小，抑制植物的光合作用，碳代谢减弱。植物的氮素营养状况以及氮素的吸收和光照强度在一定程度上也有联系，曾希柏等以葛芭为材料，结果表明光照强度增加作物吸收氮素的速度较快、吸氮量增加、产量高。分析原因为强光下植株的硝酸还原酶活性、谷氨酸脱氢酶活性以及叶片中的可溶性蛋白质的含量较高，具有较高的氮素同化能力。植物的黄酮形成和积累最能体现出光强对植物体内酚类化合物含量的影响，前人通过研究发现不同光强下银杏体内的黄酮含量有所差异，说明光照强度对植物体黄酮的形成有一定的作用。

城市夜景照明对景观植物的影响研究还有待进一步研究。比如城市里的主干道，因为照明需求都会使用大功率路灯，同时考虑到照亮范围就会增高路灯的高度，此时夜间照明就会对道路两旁的城市绿化带植物产生影响。由于景观植物的种类多，各地城市的绿地植物也有所差异，因此大范围的研究是不现实的。在做这方面的研究时需要确定研究区域和研究植物，进行实地的调查与试验分析，才能够合理有效地反映夜景照明对某些景观植物的影响。

从光源方面出发，传统夜景照明的光源能耗大、运行成本高，前人的研究已经指出了这种方式的夜间照明会对植物造成严重的影响。城市光源设备的安排选用中通常会结合景观植物，但是绝大部分是出于设计和视觉方面安排的，而对植物的生长和生理的考虑是次要的；从景观植物方面出发，城市的植物景观设计的研究已经很成熟了，植物的选取要结合当地气候、居民生活以及生态环境的需求。这 2 个部分在整个城市的规划建设过程中有重合但并不是着重考虑的部分，所以目前将夜景照明和城市景观植物这 2 个部分的结合还是不够详尽，文献也较少。相较于光照对植物影响的研究，城市夜景照明这种植物额外照明方式被考虑得较少，仅有的研究也只是很宽泛的描述了光污染的影响，并没有深入到具体植物的品种、影响程度。研究内容也处于一种初期定性和某些生理指标定量化描述阶段，并没有发展到用先进技术和手段进行研究方面。

城市夜景照明已经成为城市发展中非常重要的一个环节，已有的城市照明体系可能并未考虑它对景观植物的影响，所以要改变城市夜景照明对景观植物的影响单从照明设备或者植物种类入手是难以完成的。更需要规划部门在规划设计初期将该研究纳入设计之中，既需要能让夜景照明继续发挥它的作用，也需要减少其对景观植物本身生长发育的影响。

笔者准备在此后的研究中，确定研究范围，进行实地调查取样，利用先进仪器设备采集数据（叶绿素荧光成像、热释光、热耐受等仪器），统计分析然后定量给出具体的某个城市夜间照明对不同景观植物的影响程度。先进行某个区域的研究，然后扩大进行归纳总结。考虑从 LED 光源入手研究，因为 LED 作为新型光源在植物生长领域已经有了长足的发展，城市夜景照明也在大力发展 LED 光源。所以分析某个地区 LED 光源对一些景观植物生长的影响成为笔者下一步研究的重点。

第三节　环境对园林植物生长发育的影响

随着我国经济社会的不断进步与发展，对园林投入了更多的关注。由于园林植物与其他植物生长发育过程大致相同，依赖于周边环境、温度自然环境。环境对园林植物生长发育过程有直接影响，包括光、温度、水分以及土壤因子等。本节通过简要阐述环境构成的概况，展开对环境因子、土壤因子及其他因子对园林植物生长发育影响的探究，以期对我国未来园林植物生长发育过程的完善提供参考依据。

园林植物大多以观赏性为主,而其对环境的适应能力也是其需要考虑的重要因素之一。由于光、温度、湿度等外界环境直接对园林植物的生长过程产生影响,而园林植物的种类又在不断增多,因此,需要加强对环境因素的考虑,从根本上为园林植物的生长发育过程提供一个稳定、适宜的环境。

一、关于环境构成的概况

环境因子是构成环境的主要组成部分,而其中对园林植物生长发育过程产生直接影响的环境因子又被称为生态因子。将生态因子细化又可分为气候因子、土壤因子、生物因子以及地形因子等。气候因子主要包括光、温度和湿度;土壤因子指的主要是土壤母质以及化学性质等特性;生物因子指的主要是动物、植物以及各种各样的微生物;地形因子指的主要是地形、坡度以及园林植物生长海拔等。正是这些复杂多样的因子,相互组合共同构成了一个完整的生态环境。

在上述各项因子中,无论是水分,还是土壤等都是园林植物生长发育过程中必不可缺的环境因素,直接影响着园林植物生长发育状态。

二、环境因子与园林植物之间的关系

(一)园林植物受光照的影响

光照强度是影响园林植物生长发育的重要因素之一,在建设园林景观时,设计师应当充分了解施工现场的光照情况,对园林植物种类进行选择与分类。耐阴性和耐阳性植物之间存在着较大差异,耐阴性园林植物往往具有更长的生长周期;耐阳性园林植物往往生长速度快,但寿命短,因此,需要合理搭配 2 种园林植物。

光照长度对园林植物的生长发育产生直接影响,包括园林植物的开花情况、营养生长以及休眠等方面。据调查结果显示,调整园林植物受到光照的时间,可影响其生长速度和生长周期。经试验结果显示,在较长的光照下,园林植物具有更短的生长周期,生长速度就更快;而在较短的光照下,园林植物不仅会生长较慢,而且可能直接进入休眠状态。

(二)园林植物受温度变化的影响

温度也是园林植物生存和进行各种生理生化活动的必要条件之一,包括其整个生长发育过程和其地理分布情况等都会受到温度条件的影响;温度对园林植物的影响在园林植物生理活动等各种方面都有较为明显的体现,部分园林植物种子成长的必要条件就是适宜的温度。适宜的温度条件不仅能够促使种子更快地进行吸水膨胀,而且还能更进一步为其酶的活化提供有利条件,保证种子内部的生理生化活动具有充足的动力,为园林植物种子能够顺利发芽生长提供保障;园林植物具有区域性的差异要求,尽管在北京地区范围内,仍可以根据园林植物对温度的不同需求进行区域划分。比如常被种植与靠近路边的沙地柏可以适应较高的温度，而在湿地园林生长的玫瑰、丁香等就难以适应高温。

（三）水分对园林植物的作用

1. 水是所有生物赖以生存的重要环境因素

水对各种生物、植物的生长发育产生重大的影响，因此，属于构成园林植物的重要组成部分。据调查结果显示，多数园林植物内含有约 50% 的水分。水分充足是园林植物体内生理活动能够正常进行的基础，园林植物在面临水分缺乏的问题时，常常会出现快速衰老或直接死亡的状况。

2. 北京地区有许多湿生园林植物

湿生园林植物最重要的特征就是对土壤含水量有较大的需求，甚至树种的正常生长发育需要在土壤表面有积水的条件下进行。这类园林植物往往需要充足的水分，耐旱能力较差。

三、土壤因子与园林植物之间关系

土壤是种植园林植物的基础，其为园林植物的生长和发育提供必要的水分以及营养元素，为园林植物的正常生理活动提供保障。母岩、土层厚度、土壤质地等土壤要素都会对园林植物生长发育产生重要影响。土壤厚度与园林植物的根系分布有密切的关系。在土壤厚度较大的环境中，植物根系分布深度较大，同时，吸收养料以及水分较强，具备更高的抗逆和适应能力。反之，植物生长情况较差，容易早衰或者死亡；土壤质地也与植物生长以及发育有不可分割的联系。肥力与含氧量都是土壤质地的关键指标，这些指标也影响着植物的生长以及机能。在土壤含氧量为 12% 的环境下，植物根系才能够保持理想的生长状态。所以，在多数园林植物生长过程中，需要保持土壤的肥沃以及土质的疏松。在疏松的土壤中，肥力较高、微生物的活性也较高，能够分解较为丰富的养分。因此，在分析土壤对园林植物生长发育影响时，需要找到主要因子，并充分结合多方面因素展开园林植物适应性研究，比如，土壤含氧情况、酸碱度等主导因子，对园林植物生长发育起着决定性作用。

四、其他环境因子与园林植物的关系

（一）地势

虽然地势条件不会对园林植物生长发育产生直接影响，但是由于地势会造成园林植物生长地区海拔、高度、坡向以及坡度大小等差异，而这些可以通过气候环境的变化而影响北京地区园林植物的生长发育过程；山坡的不同方位都会对气候因子造成不同程度的影响，据调查结果显示，往往南坡由于受到更多的光照，会存在土壤较干燥的状况；而北坡就与之相反，气候环境就较为潮湿。

（二）风力

风力对园林植物生长有多方面的影响，大体上可以分为2个方面：有利的一面，微风不仅可以促进园林植物四周的气体交换，进一步为植物蒸腾作用提供便利条件，还能间接地调节地表温度以及减少病原苗传播，此外还能通过风来进行花粉的传播等；不利的一面，最为突出的矛盾就是当风力较大时，很可能破坏植物，导致其出现变矮、弯干、偏冠等不良现象。甚至严重时，还能导致嫩枝、花果被吹落，园林植物被倒伏、整株被拔起。

（三）生物

在园林植物生存环境中除了上述因素之外，还不可避免地会存在各种动物，甚至是人类。无论是低等动物，还是高等动物在进行生命活动时，都可能对园林植物造成影响。比如，动物的来回行走可能导致园林植物树枝折断、花果散落等。

（四）环境

环境中光照、空气等都会对园林植物生长和发育造成直接影响，而且这些因素缺一不可，是共同构成园林植物赖以生存环境的重要因子。由于环境中的这些主导因子都直接决定在园林植物的生存发育状况，在其任何一个生长发育时期都发挥着决定作用。北京地区种植有热带兰花，这种植物喜高温高湿环境，而仙人掌喜高温干燥环境，尽管对空气湿度的要求不同，但这2种植物都必须是以高温环境为基本条件进行生长发育的。

无论是光环境、温度、湿度，还是土壤因子，这些环境因素都直接对园林植物的生长发育产生影响。根据园林环境的实际情况进行植物种类的选择，才能充分发挥环境的作用，促进园林植物的健康生长和发育。因此，如何在适宜的环境内种植适宜的园林植物，成为现阶段园林行业的研究重点之一，需要不断展开探讨，并积极分析讨论结果并加以应用，从根本上为园林植物生长发育过程提供保障。

第四节　气候因素对野生植物生长的影响

目前全球平均温度已经达到14.3℃，温度上升0.6℃，这与人类活动引起地球上CO_2含量不断增加有密切的关系。根据相关研究分析可以发现，20世纪90年代大气层中的CO_2含量是350μmoL/moL，比工业革命时期大气层CO_2含量增加了70μmoL/moL，变化明显。值得警惕的是，CO_2的实际浓度还处于不断增加的趋势，按照目前检测到CO_2排放量，21世纪中后期时大气层CO_2含量将会是现在的2倍。由此可见，地球气候环境在未来还将处于一个继续变化的动态过程中。野生植物是地球生态系统的重要组成部分之一，其兴衰存亡会直接影响到地球生态系统的稳定与否。而全球气候变化影响到的范围越来越广泛，已经对野生植物的生长甚至生存都造成了剧烈的冲击，无论是陆地还是海洋，野生植物的生长都在发生明显的变化，已经引起了人类广泛关注，并展开了相应的研究工作。

一、气候变化与全球生态系统敏感度

根据现有的研究资料预计，气候因素的变化将会影响到全球陆地至少49%的植物群落，全球至少37%的生物区系也会受到影响。表现在卫星地图上的则仅是北半球的针叶林群落就会有90%甚至100%的变化，而地球陆地表面的植物景观将会发生重大变化，森林将可能退化成草原，草原可能退化成荒漠。而在中东、中国大陆、印尼、中亚以及印度南部等区域的生态系统受到的影响会相对较小。不能否认的是，气候变化已经打破了地球生物圈的平衡，地球面临的生态压力与日俱增，野生植物也面临激烈的生存竞争，在陆地景观发生变化的同时，人类也不得不进行相应的迁移活动。

二、气候因素对野生植物生长的影响

（一）植被分布变化

气候因素的变化会影响到野生植物的分布，随着地球气温的上升，仅我国大陆东北地区的暖温带与温带范围将可能进一步扩大，而寒温带范围会不断缩小，甚至在我国国土面积上消失，相应的植被的分布界限也会向北推移，森林面积大量缩减，而草原荒漠面积会不断扩大。

（二）植物物种灭绝加剧

气候因素的变化会对野生植物的生存造成严重的威胁，由于地球温度上升的速度处于历史最快的阶段，而野生植物虽然能够在外部环境变化中进行内部调整以更好地适应环境变化。但野生植物对气候环境的变化适应性不强，并且在对气候耐受性的进化速度远远慢于当前气候环境的变化速度，因此与地球演变历史相比，野生植物的灭绝速度将会加剧。虽然植物可以顺着纬度方向向着高纬度区域迁移，但是一旦迁移过程中遇到难以跨越的自然障碍，而且无路可退，那么还是会面临灭亡的危险。还有部分物种会选择向高海波区域迁移，但是与地面相比，山地的面积有限，在有限的空间野生植物聚集，面临的遗传压力也会增大，一旦退到山顶，将会再无路可退，将会被能耐高温的物种取代。与此同时，气候变化造成的野生植物迁移还会使得本土的野生植物面临外来物种的侵袭，在激烈的生态竞争中，本地物种如果竞争力弱，将会陷入灭绝的境地。

（三）气候变化影响野生植物物候节律变化

在地球上每一个物种都会对气候的变化做出不一样的响应，而随着全球温度的上升，已经有很多野生植物的物候发生了变化，比如，植物有了更长的生长季，春天与秋天野生植物的物候现象一个提前一个延后，这不是在一个地区如此，而是在全球都是这样，成为一种大的趋势。野生植物无论是物候期的提前还是推迟，都可能会造成其他物种的入侵，本物种内部群落的组成与结构也会发生一定的变化，造成生态紊乱。虽然对于野生植物来说，有着更长的生长季会更有利于植物的生长发育，但是相应的花期也会缩短，植物传粉的成功率也会大大降低，对野生植物的物种繁衍造成严重威胁。已经有科学家研究证明，植物的花期发生变化，传粉者也会受到影响，如果植物花期提前 1 ~ 3，将会有至少 17% 的传粉者面临食物短缺或者食物缺乏的问题，受影响的传粉者与花期提前的时间成正比例关系，可能会造成传粉者的数量减少甚至出现物种灭绝。而传粉者的减少会影响到需要进行有性繁殖的植物繁衍数目急剧减少，整个植物物种都会出现衰退。可以说，野生植物对气候变化做出的物候响应不仅会影响周围生态环境，而且还会对自身的繁衍造成负面连锁反应。

（四）气候变化影响植物多样性

气候变化对野生植物的多样性也造成了巨大的威胁。有科学家在模拟实验中得出结论，如果按照目前 CO_2 的排放情况，不采取相应的控制措施，那么如果地球在 2100 年温度上升 4℃，地球上的植物多样性的水平将会直接减少 9.4%，而如果各个国家严格执行《哥本哈根协议》，那么地球温度在 2100 年将会上升 1.8℃，这种形势下预估的全球植物多样性情况与目前相比变化不会很明显。由于地球是个球体，不同纬度受到气候变化的影响也会表现出一定的差异性。温带地区与北极很多区域气候条件比较复杂，对野生植物来说会有更广阔的生存空间，而在亚热带和热带地区，一旦气候条件变化，植物的多样性将会受到明显的影响。造成全球温度上升的主要因素是工业时期发达国家快速发展排放了大量的温室气体，但他们却位于植物多样性受益区域，而在发展中国家，他们对全球气候变化的责任比较小，但却在植物多样性层面面临着巨大的损失。

（五）植物迁移之路被气候槽截断

生态圈中，无论是动物还是植物都会发生迁移，而在迁移的过程中，比如，向高纬度或者高海拔区域迁移，动植物会在地理环境的影响下陷入气候槽，海岸线等天然的地理屏障使得迁移之路被截断，无处可迁。当前地球上存在很多气候槽，比如在亚德里亚海与墨西哥湾的北部，在特殊的地理因素影响下，这里的植物前有海岸线，后有温度上升的气候环境，迁移无路。一般来说，气候槽的出现会造成当地物种生存的气候条件剧烈变化，对野生植物来说，除非能够适应气候的变化，否则将会面临物种灭绝的困境。而在某些地区由于气候变化的速度比较慢，会形成相当长的气候停滞期，在这里植物分布密集。

人类活动引起气候环境的剧烈变化已经深刻影响到野生植物的生长，地球上很多野生植物已经消失了踪迹，在未来，很多植物只能在教材中存在了，野生植物保护工作刻不容缓，需要将全球气候变化与野生植物保护工作联系在一起，建立相应的野生植物保护机制，保护生态圈植物多样性，从更长远的角度来维护野生植物生长所需要的环境，真正落实对生物多样性的可持续保护。

第五节　城区土壤环境对园林植物生长影响

从养分、结构及侵入体等方面总结了城区土壤的特点，分析了其对植物生长的影响，最后针对性地提出了适地适树、改土适树及加强管理等措施来提升苗木长势，增强景观效果。

土壤是城市生态系统的重要组成部分，是城市园林绿化必不可少的物质条件。土壤环境直接影响着城市园林绿化建设和城市生态环境质量。园林景观和绿化效果直接表现为园林植物的生长状况，人们通常重视园林植物的生长情况，而对园林植物的生长基质——土壤及其质量管理考虑较少。随着城市化建设的发展，人类活动日益频繁，城区土壤的自然性状发生了很大改变，影响了园林植物正常生长，无法形成良好的观赏效果，难以构建良好的生态环境和景观。土壤环境已成为制约园林绿化效果保持和品质提升的瓶颈。

一、城区土壤主要特点

（一）土壤养分匮缺

长期以来，在园林绿化管理中，为了景观和防火需要，都会将死树、修剪的枝叶、自然落叶、残花等清除出绿地，移至城区外，造成城区土壤养分元素自然循环受到破坏，不能像林区自然土壤那样进行养分循环。加上目前城区园林绿化基本上是粗放管理、施肥针对性不强，使得土壤养分贫瘠，性能下降，严重影响植物生长。

（二）土壤密实、结构差

城市人口密集，交通发达，人流车流量大。由于人为践踏和车辆碾压等原因，造成土壤结构破坏严重。土壤有机质含量低、有机胶体少，在机械和人的外力作用下，土壤中土粒受到挤压，使土壤密实度提高，破坏了通透性良好的团粒结构。较自然土壤而言，城市土壤紧实，容重大，孔隙度小，不利于植物生长。

（三）土壤侵入体多

由于建筑等人为活动产生了大量的垃圾，若清运不及时，相当一部分垃圾就会侵入土壤各层；管道等地下构筑物占据了部分地下空间，使土壤固、液、气三相组成，孔隙分布状态和土壤水、气、热、养分状况发生改变，从而破坏了植物正常的生长环境，影响植物生长。

二、城区土壤对园林植物生长的影响

（一）土壤养分对园林植物生长的影响

城区内植物的落叶、残枝，常作为垃圾被清除运走，难以回到土壤中，使土壤营养循环中断，土壤中有机质含量很低。有机质是土壤氮素的主要来源，有机质减少直接导致氮素减少。植物需要的营养元素，大部分由土壤供给。城区土壤养分匮缺，使城区植物的碳素生长量大为减少，加上通气性差和水分匮乏等因素，使城区植物较郊区同类植物生长量低，其寿命也相应缩短。

（二）土壤密实度对园林植物生长的影响

城区土壤密实度显著大于郊区土壤。土壤密实度增高，土壤通气孔隙减少，土壤透气性降低，减少了气体交换，导致树木生长不良，甚至使根组织窒息死亡。随着土壤密实度的增加，机械阻抗也加大，妨碍树木根系延伸。根系延伸受阻，使树木的稳定性减弱，易受大风及其他城市机械因子的伤害而产生倒伏。植物根系在密实的城区土壤中生存，生理活性降低而寿命缩短，易出现烂根和死根，而地上部分得不到足够的水分和养分，会呈现枯梢和焦叶。

（三）土壤水分对园林植物生长的影响

植物所需水分主要来自土壤，而土壤水主要来自大气降水和人工补水。土壤含水量多少，与土壤渣砾含量、土壤密实状况、地面铺装和距地表水远近、地下水位高低等有关。由于城区土壤密实度高，含有较多渣砾等夹杂物，加之路面和铺装的封闭，自然降水很难渗入土壤中，大部分被排入下水道，致使自然降水无法满足植物生长需要。

（四）土壤空气对园林植物生长的影响

土壤中的氧气来自大气。城市土壤由于路面和铺装的封闭，阻碍了气体交换，土壤密实，贮气的非毛管孔隙减少，土壤含氧量少。植物根系是靠土壤氧气进行呼吸作用来维持生理活动的。由于土壤氧气供应不足，根呼吸作用减弱。严重缺氧时，植物进行无氧呼吸而产生酒精积累，引起根中毒死亡。同时，由于土壤氧气不足，土壤内微生物繁殖受到抑制，靠微生物分解释放养分减少，降低了土壤有效养分含量和植物对养分的利用，直接影响植物生长。

（五）土壤侵入体对园林植物生长的影响

当土壤中固体类夹杂物含量适中时，能在一定程度上提高土壤（尤其是黏重土壤）的通气透水能力，促进根系生长；但含量过多，会使土壤持水能力下降。同时，渣砾本身占有一定体积，从而降低土壤水分的绝对含量，常使城市植物的水分逆境加剧。随着夹杂物含量增加，土壤所给总养分相对减少。某些含石灰的夹杂物可使土壤钙、镁盐类增加，土壤酸碱度增高，这不仅降低了土壤中铁、磷等元素的有效性，也抑制了土壤微生物的活动及对有机质的分解，导致土壤保肥性逐渐变差。

三、管理对策

（一）适地适树

在城市绿化工作中，根据不同地段土壤的厚度、结构、质地、养分、pH 值和植物的生态适应性栽植不同的植物，做到适地适树。严格选择适宜和抗逆性强的树种：①在紧实土壤或窄分车带上（带宽小于 2 m），要选择抗逆性强的树种栽植；②在湖边等地下水位高的绿地上，要选择喜湿树种栽植；③在偏盐碱的绿地上（含盐量大于 0.3% 或酸碱度大于 8），要选择耐盐碱树种栽植；④在楼北绿地上，要选喜阴、萌发晚的树种栽植。

（二）改土适树

（1）合理施肥，增加土壤养分合理施肥能提高并平衡土壤中的矿质营养和有机营养，恢复土壤微生物活力，提高土壤保肥、供肥和自净能力，减少养分流失和挥发，提高养分利用率。分析土壤养分状况和植物对土壤养分需求，然后针对性进行施肥。通过有机肥、生物肥以及多元素配方化肥的科学组合施用，满足植物生长需要。对酸性或盐碱性较重的土壤，须先进行土壤改良。

（2）合理施工，改善土壤通气状况为减少城市土壤密实对植物生长的不良影响，除选择一些抗逆性强的树种外，还可通过往土壤中掺入碎树枝和腐叶土等多孔性有机物或混入少量粗砂等，以改善通气状况。在各项工程建设中，应避免对绿化地段的机械辗压；对根系分布范围的地面，应防止践踏。

（3）及时浇水，调节土壤水分根据土壤墒情，做到适时浇水，以满足植物对水分的需求。在浇水方法上，可根据土壤类型确定。保水差的土壤，浇水要少量多次；板结土壤，应在吸收根分布区内松土筑埂浇水。

（4）适时松土，改善生存空间为减少城市构筑物对植物生长的不利影响，需要对植物有限营养面积内的土壤进行分期分段深翻改良和进行根系修剪，同时选浅根地被植物和改进植物配置，以减少共生矛盾。为改进城区街道植物生存空间过于狭小的状况，应合理设计道路断面。

（三）及时换土

建筑工程、道路施工将土壤表层全部破坏，使得土壤表层大都是建筑垃圾、石块以及心土。土壤养分缺乏、性能较差，需要进行换土。若是植物草坪或花坛就进行全面换土，换土厚 20 ~ 30 cm；单种树木，可用大穴换土，树穴换土厚度 60 ~ 120 cm。换土时应注意客土来源、土质及公共卫生情况，要选择结构良好、土质疏松、中性弱酸、富含有机质和土壤养分的土壤，同时适当加入山泥、泥炭土、腐叶土等混合有机肥料，使之符合绿化种植要求。

（四）加强苗木管理

俗话说"活与不活在于水，长好长坏在于肥"，水肥的管理对于绿化苗木生长至关重要。然而对苗木自身管理，如修剪、除草、病虫害防治等同样具有举足轻重的作用。众所周知，"三分种七分管"，种是短暂的，而管是长期的。要长效保持绿化效果，在保证充足的水肥前提下，还必须及时修剪、除草并进行病虫害防治，且要以防为主、防治结合。只有长期的精心养护管理，才能确保各种苗木成活和保持良好长势；只有保证植物生长健壮、绿地洁净美观才能给人们带来美的享受，才能发挥绿地的功能作用。否则，园林绿化景观效果难以显现和保持。

第四章　森林培养技术的创新研究

第一节　新时期森林培育技术的现状与建议

指出了社会经济的快速发展大大推动了我国各行业的发展，但与此同时对生态环境也造成了重大的不利影响。随着可持续发展战略的提出，森林等绿化工程受到了社会各界的重视，也得到了迅猛的发展。说明了森林资源的重要性。对森林培育技术进行了应用分析，针对新时期森林培育发展中存在的问题提出了相应建议，以期提供参考。

一、森林资源的重要性分析

随着环境问题越来越受到国际社会的重视，森林资源的重要性受到更多关注，国家在近几年颁布了数条保护森林资源的法律条令。森林资源可以说是林业资源的基础，它具有维持生态平衡的作用，特别是为生物提供氧气、涵养水源等，正是因为森林资源，地球上的野生动植物才可以生存繁衍，同时，森林资源起着调节气候的作用，如果没有它，就不会有平衡的大气环境，人类也得不到发展。逐渐地，人们认识到了森林资源的重要作用，认识到了它有利于国家的可持续发展，所以将加大力度去保护培育它。但是，在我国西北内陆，由于自然条件的原因，本身气候干旱，沙漠广布，在这种条件下，森林资源起到了很好的保护作用，防止土地沙漠化；而在西南地区，由于降水集中，较易发生泥石流等自然灾害，森林资源又能起到防护的作用。可见，森林资源作为自然资源有着重要的地位。森林资源不仅可以作为一种自然资源，同时也是一种可以利用的经济资源。现阶段，市场上的林业产品逐渐增多，比如：家具、生活用品等，这些产品与人们的生活息息相关，同时，它也是国民经济增长的重要保障，促进我国经济发展的多样化。但是，现阶段对森林资源的开发有增无减，出现了一些不合理开发森林资源的现象，使其遭到了严重破坏。所以，要在保护利用森林资源的基础上再开发利用，科学分配调整。做到既保护环境，又发展经济。

二、新时期森林培育技术分析

所谓的森林培育技术实际上就是从树木的选种、育苗、种植一直到树木成长过程中所用到的技术措施，通过森林培育技术可以很大程度上提高森林培育的效率。以下主要对森林培育技术的育种阶段实施技术、苗木施肥技术、灌溉水控制以及森林培育栽培技术等进行研究分析。

育种阶段。育种是森林培育的基础阶段，在育种阶段要先确定育种计划，包括育苗、种子萌发、幼苗控制等方面，要对种子处理技术和体细胞胚苗生产技术等育种技术进行应用研究；在种子处理上，要严格根据不同的地区环境来制定合理的种子加工技术体系，从种子育种、种子发芽、储存条件、种子处理等方面来形成一个标准的技术；我国的森林育种体细胞胚苗生产技术还处于发展阶段，现在虽然已经建立了几个物种，也初步建立了体细胞胚苗生产系统，但是还存在很多的问题，是不完善的，需要在实践中予以健全优化。

苗木施肥及灌溉水技术。施肥和灌溉水是森林等绿化资源培育所必要的工作，也是森林培育技术的重要内容。美国在苗木的施肥技术方面，其采取准确的幼苗鲜重控制机制，在多年的应用分析基础上积累了大量的实践数据，这些数据可以支撑起苗木生长与养分供应之间的关系，通过测定幼苗鲜重来分时期确定施肥的数量、种类等。美国在灌溉水技术方面则是进行灌溉水质量控制的精密化，通过定期对灌溉水 pH 值的测量来对水质进行分析和处理。而我国在这方面则缺少相关的研究，对灌溉水质量也缺乏一定的控制，绝大部分的森林育种灌溉水都没有经过必要的 pH 值检测等，也没有采取相关的措施对灌溉水的质量进行控制。

森林育种栽培技术。育种栽培也是森林育种技术的重要内容，也是非常关键的内容。在森林育种栽培技术应用中要特别注意对培养种植密度的把握和控制，在一般情况下森林密度在 2000 株 $/hm^2$ 左右，其种植密度不能过大，否则只会影响其生长。在培育纸浆林中，栽培密度一般是 $3\,m \times 3\,m$，这样尊重了树种的基本生长习性，同时也便于后期的森林培育管理；在培育木材林中，培育密度一般是 $2\,m \times 2\,m$，这个间距比较适合培养较大规模的木材林树种。

三、森林培育与开发建议

促进森林培育技术的精准化。森林培育技术的精准化就是将整个森林培育过程的技术应用进行精确化，将整个森林培育过程的技术应用和相关操作都更加规划，使得技术应用更加严谨，这样也能提高森林培育的标准化。森林培育技术的精准化是新时期森林培育工作的重要研究内容，要想提高森林培育技术的应用效率，解决森林培育技术问题，提高精准化效果就必须做到以下几点。

要对森林培育技术精准化研究方面投入更多的资金和资源，政府和相关部门必须重视森林培育技术的精准化，在森林育种精准化、育苗精准化、整地精准化、种植精准化以及后期的养护精准化方面都要重视。

要不断提高森林培育技术人员的专业素质和技术水平，这也是非常关键而必要的。

政府要加大对森林培育技术研究的资金支持。在某些经济比较落后的地区，政府也应该给予相当的资金支持，同时国家的管理人员还应该将工作人员的工资纳入到地方财政预算，这样可以保证林业管理人员的生活有了基本的保障。同时也可以采取一些奖励的措施，不断提高研究开发森林培育技术的积极性，促使他们更加优质的为森林培育与开发服务。在整体的培育和保护当中，还必不可少一些基础设施，这个时候，企业就可以从多个方面进行资金的扶持，不断增加森林长期的利益，用于森林培育的各种开发和保护工作当中。

加强防护措施。对森林资源的防护可谓是森林培育工作的重中之重。因为这一切行为的主体是人，只有当人们意识到森林资源的重要性时，才能去开发，也就是说，在开发时尽量怀着一颗敬畏而又感恩的心。在开发和利用时要以发展的眼光去看待它，因为这一行为可能会给人类带来严重灾难。所以，森林培育的防护工作是必不可少的。

培育要以保护为前提。森林资源确实能为国民经济带来一定产值，特别是最终创造出来的林业产品，但是从生产到销售这一系列的过程都必须以保护为前提，这也是森林培育的重要基础。需要认识到对森林的培育利用与保护发展是相辅相成的，在培育的过程中不仅要注意方式，还要注意与当地实际情况相结合，要以保护生态为原则，尤其是不要只顾自己的短期利益而对森林进行乱砍滥伐，需要知道我们行为的目的是为了环境生态的可持续发展，而不要因为一己之私造成严重的后果。

提高对科学技术的重视度。随着科学技术的发展与信息化时代的到来，智能化手段已经应用于社会中的各行各业，在森林培育中，要大力发展科技，并把其应用到保护森林中，传统的以开发森林为主的粗放型经济应该被淘汰，因为这种行为不仅不能起到保护森林的作用，还会阻碍经济的发展。所以，在新型森林培育系统工程中，应该注意到这点，不能只停留在传统的做法上，需要加强对培育技术的研究力度，比如可以利用数字化手段对林区进行数据分析，在采用新技术时，需要先对林区进行试点，而不是直接大面积应用，以免产生副作用，如果试点获得了一定成效再进行推广。注意每个环节相互联系、相互配合，更好地发挥培育技术的作用。

坚持可持续发展原则。可持续发展就是说做到边培育边治理，两者是不可分割的亲密关系，只有做到可持续发展才能维持生态平衡，这是一种良性发展。所以需要对两者有一个清晰的认识。落实保护和发展政策，积极发展森林培育技术，以此来提高森林绿化面积，这才能为之后的森林资源开发提供资源保障，这也是可持续发展的一个重要体现。

多样化培育与开发森林资源。在培育和开发时需要避免单一开发，要遵循多样化开发的原则，在开发前，需要进行实地考察，做好前期准备工作，测得一系列数据后，再对数据进行分析与整理，选择出最适宜当地的经济发展模式，而不可与环境背道而驰，如果长期滥用和开发一种资源，可能会造成资源灭绝的后果。需要针对市场需求，找到与市场发展最切合的经济点，发挥出森林资源的最大价值，要不断找到森林资源的多种功能，不能只关注某一种资源或者某一功能，不断开发出新产品，将新的环保理念构建于其中，做到保护生物多样性。

森林绿化工程在可持续发展战略的推动下得到了快速的发展，森林培育技术作为森林绿化工程的核心施工技术在整个工程建设中发挥着重要的作用，我国森林培育还处在初步发展时期，自然也存在着很多的问题，所以必须要加强对森林培育技术的研究力度，从而不断提高森林培育技术水平，进而推动我国森林绿化的不断发展。

第二节　森林培育技术的精准化发展

本节立足于森林培育技术精准化现状，挖掘发展速度、技术支持、培育体制等方面存在的问题，并提出针对性的解决对策，力求通过注重技术更新、加大科技投入、健全培育管理体制、完善相关技术标准与规程等方式，推动培育技术不断成熟完善，促进我国林业的健康可持续发展。

在现代社会发展中，对森林资源的需求量逐渐增加，经济发展方向转变，国家对森林培育技术给予高度重视，促使着培育技术朝着精准化的方向发展。但是，当前精准化发展现状并不乐观，在发展速度、技术支持、培育体制等方面均存在弊端，应积极采取科学有效的措施进行优化，实现可持续发展。

一、森林培育技术精准化发展现状

该技术主要是指从种子到成林，从培育到开发的全过程。在对不同技术进行精准化时，应与相关规定相符合，充分发挥现代化、信息技术的作用，实现林业资源的快速、可持续发展。对于现代林业来说，该技术具有基础性地位，可为林业发展与振兴提供基础力量。

技术发展缓慢。培育技术发展与经济发展具有紧密联系，当经济发展落后时，森林培育受到忽视。但在改革开放之后，经济发展模式开始发生转变，不再以资源消耗为中心，而是主张走可持续发展道路。与先进国家相比，我国此概念提出较晚，且在土地、气候、地形等方面存在差异，森林培育精准化难度较大。对于一些发达国家来说，所公开的培育技术也只是表面，没有在核心科技中展现出来。对于培育出的品种，缺乏创新性，无法在全部地区内适用，长此以往，理论与实践相偏离，与我国实际森林情况不符，培育技术发展缓慢，收效甚微。

缺乏技术支持。我国森林培育起步较晚，但自从经济发展模式转变后，国家对该技术给予高度重视，逐渐增加在此项技术上的投入。该技术以精准化为最终目的，对技术提出严格要求。由于传统经济发展以粗放式为主，乱砍滥伐，对森林资源的消耗较多，对经济转型产生较大压力，且缺乏强有力的技术支持，无法获取长远利益。来自国家的资金支持只能使设施方面的问题得到缓解，难以对技术细节方面给予帮助，这将导致资金与人力浪费，逐渐与精准化的道路相偏离。

培育体制老化。我国经济拥有自身特色，在森林培育方面同样如此，在培育环境、过程等方面存在区别，应制定一套带有本国培育特色的管理体制。以往计划经济体制根深蒂固，在森林利用体制方面受到忽视，以粗放式管理为主，一些林场的管辖权责不清，导致许多不科学开采与管理问题产生，对资源多样性极为不利。在林业部门中，根据长期数据调查显示，在全国上千所高校中拥有林业专业的大学屈指可数，取得研究成果的更是少之又少，导致培育技术因人才缺失寸步难行，精准化目标的实现更是遥不可及。

二、森林培育技术精准化的发展路径

受以往经济发展中粗放式管理的影响，我国森林培育技术长期受到忽视，在技术发展速度、技术支持、培育体制等方面均存在弊端，应积极采取科学有效的措施进行优化，实现可持续发展。

注重技术更新。我国地大物博、幅员辽阔，但在培育技术方面却较为落后，应从多个方面出发加强技术更新，使精准化目标早日实现，具体措施如下：

（1）在育种方面。近年来，精准化培育技术已经得到广泛应用，在树种优化、无性育种、种系测定等多个方面，均产生突破性进展，形成大量适用于森林繁育的资源，为林业与培育技术的发展起到极大的促进作用。

（2）在育苗方面。技术更新主要体现在两个方面，一方面，将该技术应用到种子处理中，可使育苗材料更加优良，苗木培育工厂化转变，使林业优种优育的目标顺利达成；另一方面，在施肥方面也可将培育技术应用其中，对于多样化品种的苗木来说，有针对性地选择最佳时期进行施肥，起到节约化肥施用的作用。

（3）在栽植方面。可采用两种栽植方式，一种是将种子全部放入室内进行培育，另一种是直接将其放入林场种植。无论对于何种方式来说，树苗在行距方面均应与相关要求相符合。对于三五年成林的木材来说，密度可适当增加，一般在 $2m \times 2m$ 或者 $3m \times 3m$ 之间，间距可与大多数速成林的要求相符合。对于十几年才可长成的树苗来说，一般在植株行距方面控制在 $4m \times 4m$ 左右即可。

加入科技投入。由于我国森林面积广泛，无法采用统一的方案进行培育。当国家下发相关条例时，应从财政中抽取一定的资金投入到培育技术优化中。但是，资金的利用还应由当地部门根据实际情况自行制定。由于我国在此方面的起步较晚，技术发展速度缓慢，且经济发展快速对森林资源的需求量不断增加，在资金利用时容易盲目，导致大量资金浪费。对此，资金在育苗、栽培、移植等方面投入时应分清轻重缓急，根据当地的实际情况做到具体问题具体分析。对于南方地区来说，热量充足，适宜室外栽种，加上生长速度较快，还要注重植物的修剪；对于北方地区来说，植物的生长周期相对较长，土质肥沃，应注意移植与育种工作。只有真正做到因地制宜，牢牢抓住培育要点，才能够减少人力、物力等方面的消耗。另外，还需要深刻而清楚地认识到培育技术优化与科技发展之间的联系，科研人员应积极挣脱传统思想的束缚，树立创新思维，立足于先进的培育技术，使培育技术实现创新发展。

健全培育管理体制。该体制主要是指在事前做好规划与安排，起到未雨绸缪、统筹全局的功效。要想实现培育精准化的目标，势必要针对以往的管理体制，取其精华去其糟粕，根据当前现状进行创新，定期召开大型研讨会议，由森林培育相关的各个阶层代表参加，如政府、企业、个人等，对管理制度中的各项要求进行明确，端正经营态度，积极响应国家的政策，加大科技的投入力度，促进精准化的快速发展。此外，精准化目标的实现不可缺少人才的支持，目前林业方面人才缺失对森林培育起到极大阻碍，对此，应积极提高林业工作者的专业素质与技能水平，还需要从根本上着手，加大对林业招生补贴与研发资金的投入力度，鼓励更多青年投入到林业培育事业之中，为森林培育工作提供源源不断的人才力量。

完善相关技术标准与规程。在森林培育方面，精准化工作涉及的内容众多，应明确精准化工作的技术标准与规程，才能够有的放矢的开展相关工作，促进培育事业的持续发展。目前，我国在此方面的技术标准存在种类不全、理论多、实践标准少等问题，尤其是对于一些关键环节，甚至没有明确的标准规定，一些标准自身便不够标准，存在技术上的漏洞等等，这些都充分说明我国在此方面还需要进一步的完善，根据实际情况，制定出切实可行的标准与规程，针对一些现行的标准也需要进行完善和优化，深刻认识到技术标准对精准化产生的决定性作用，进而在培育技术研究过程中，能够不断完善各项培育细节，通过明确的标准促进标准化目标的顺利实现，这对于我国整体林业发展来说也具有十分重要的现实意义。

综上所述，当今时代背景下，人口、环境与资源等问题日益尖锐，构建资源保护体系显得十分迫切。对此，林业部门应积极转变思想，将以往的粗放式管理朝着精细化的方向转变，通过注重技术更新、加大科技投入、健全培育管理体制、完善相关技术标准与规程等方式，为林业长远发展谋取新出路。

第三节　森林培育技术要点

近几年来，由于利用破坏环境资源换取经济的发展对生态环境造成了巨大的伤害，森林资源作为生态环境中极为重要的一部分具有自然系统调节功能。森林资源已经受到了破坏，为了能够缓解环境压力，因此就需要进行森林培育工作。只要掌握了森林培育技术的要点就能够有效保证培育除开的森林质量。在森林培育中难免会出现这样那样的问题就需要选用合适的方法去解决问题。本节结合了在实际工作中的相关内容，将森林培育工作中的重点加以归纳总结，希望能够为森林培育工作的发展有微弱的促进作用。

对于人类的生存和发展来说，森林资源都具有重要意义。不断提高造林质量能够有效保障森林培育的整体性，在森林培育的过程中要保证任何一个环节都尽可能地避免错误，否则将会影响整个森林培育工程的质量。为了能够建设出高质量的森林工程首先就要坚持功能强劲、森林结构合理、单产先进、森林可持续发展、复杂的林相的原则。兼顾森林资源的数量增多和森林质量的提高两方面。研究表明，可以建设的森林资源在数量上是有限的，但是可以不断地提高质量，因此我们需要在森林培育的技术要点上下功夫。

森林培育就是指通过树木和森林利用太阳能和其他物质进行生物转化，生产人类所需的食物、工业原料、生物能源等的一种生产过程，同时创造并保护人类和生物生存所需环境的生产过程。主要的内容就是良种生产、苗木培育、森林营造、森林抚育、森林主伐更新等；主要的对象就是人工林和天然林。在森林培育的过程中要做到三兼顾，即兼顾经济效益、生态效益和社会效益；目前在森林培育的进程中呈现出注重森林的可持续经营、高集约化、定向化的趋势。

森林培育学在我国虽然已经有了较长的发展历史，但是仍有存在着一些问题。先要解决问题就要对问题有所了解，通过对现状的研究来发现问题。

森立培育市场较为混乱。市场经济在我国的不断深入发展使得各个产业都呈现出商品化发展趋势，森立培育业不例外，因此受到市场经济自身的竞争性和开放性的影响森林培育市场呈现出混乱的现状。首先，我国在林木种苗的管理上力度不足。就目前而言种苗的生产经营管理还局限在经营许可证和发放种苗的生产上，缺乏相关的监管措施。因此种苗市场的内部较为混乱。其次就是在进行管理时依然沿袭老旧的管理方法较为落后。最后就是在市场上鱼龙混杂，种苗的质量不能够得到有效的保证。

造林的科技含量低。目前，林木种苗的生产条件差、基础设施不完善。但是种苗生产的发展迅猛，但是由于从事种苗培育工作的人员缺乏相关的能力，因此技术不达标，在培育种苗时不具备完善的生产条件以及健全的基础设施配置，使得培育出的苗木较为弱小，不能够从苗圃顺利地进行移栽。即使能够顺利地进行移栽，那么苗木的质量不得保证，这样培育出来的森林质量不能够达到标准。

苗木病虫害频发。树木在生长的过程中会受到病虫害的侵袭，影响林木的质量。再加上近年来不断引进新的树种或者是从外地进行传播，但是这些品种不能够顺利的适应当地的气候和立地条件，适应能力差就会成为病虫害侵袭的主要对象。在苗圃培育的过程中要坚持多样化并且进行轮作，以"养用结合"为培育策略。

轻视乡土树种的培育。由于引进了诸多的外地品种，因此当地的本土品种渐渐被忽视。因此在本土树种培育方面缺乏各类力量的支撑，不能够获得理想的育苗效果。更为重要的一点就是乡土树种的经济效益远不如那些外来树种，因此就会忽视对于本土树种的开发利用。但是本土树种经过漫长的发展和演变已经与当地环境和谐共存，适应了当地的气候、土壤、水分条件，可以用作绿化。

森林培育技术的要点：

育苗技术。种苗是森林中的关键部分，高质量的种苗能够培育出高质量的森林。关于容器育苗已经形成了一整套较为完整的育苗技术，并且在长时间的发展过程中已经经过了实践的检验。将脂松容器苗分成幼苗建成期、高生长期、木质化期，各个环节都做得很细致，获得了理想的育苗效果，火力旺盛。

种子处理技术。借鉴国外的农场式林地经营政策，在海拔较低的地区除了耕地以外的产量较低的农田上经营以阔叶林为主的森林。致力于改善环境质量，增加休闲用地的面积，也能够生产更多的木材以供使用。不同的树种有不同的种子处理要求，因此要对症下药针对不同的树种制定出合适的种子处理技术，要将种子采收时间、贮藏条件、处理的方式和方法加以考虑，严格控制种子处理的环境、播种的时间、萌发的环境，形成系统性规范化的培育技术。

体胚苗生产技术。绝大部分的森林种苗培育都拥有完整性、系统性的针叶林胚苗生产技术，以优质的针叶树种子作为材料，利用成熟的体胚发生系统产生体胚，之后经过严格的选拔较优秀的体胚才能够经过包衣技术将规格进行统一之后在培育成人工种子。但是这项技术依然存在着需要完善的部分，将其广泛地应用于大规模的生产中依然需要较长的时间。

苗木施肥技术。肥料能够为林木的生长提供养分，但是在树木生长的各个时期对于肥料的种类、施肥量都有不同的要求；不同的树种需要的肥料也有所不同。但是经过长时间的挤时间工作，工作人员都拥有丰富的苗木生长养分供应经验，因此能够进行精准施肥促进苗木的生长发育。

灌溉的水质控制。水是生命之源，苗木的生长也不能够缺少水分的供给。如果灌溉的水受到了污染就会严重影响苗木的生长，需要在广大的苗圃中进行水质的精准化控制，定期检测水分含量、水的 pH 值、水中的金属含量、藻类及杂草种子状况，根据水质的变化及时采取措施调节灌溉用水的质量。

整地。在人工造林整流器方面我国就做得十分细致，在地势平坦的地区培育森林都是利用机械全垦地平整土地为主要方式。整地的深度应该控制在 30cm 左右，在树穴的底部会铺设一些生物肥料，但是也需要有所隔离防止出现烧根的现象。

苗木在森林的培育中占据着关键的地位，能够为绿化提供物质基础，使得培育森林选择种苗时有多样化的选择，解决森林培育技术中的关键点，正确处理好森林培育中的各种关系。当代林业人应该为培育出高质量的森林工程而不懈努力，保证森林培育的质量，采取适当的方法解决森林培育中的一切问题。掌握森林培育的技术要点，并在工作中进行熟练应用，营造出高质量森林。

第四节　森林培育技术的研究及发展趋势

随着人类社会不断地进步与发展，对树木的需求日益加大，造成了森林和环境的严重破坏，为了减缓森林与环境的恶化，要大力推进森林的培育与管理，大力发展以森林为主的林业产业。并逐渐改善环境的恶化与人们日常活动的需要。此文就森林培育技术与管理进行了深入研究，希望借此为林业产业的发展提供一份助力。

目前我国的森林发展已然进入一个持续的发展阶段。可持续的森林发展的生态系统模式是以生态为主体的林业产业经营模式。在森林的培育上除了着重对木材的生产，同样也注重非林业与生物的多样性发展与保护，并对森林的资源与整体进行相应调整与优化，保证水土对森林的相应功能，促使森林能够可持续的发展。另外，一些对森林与环境不友好的技术与物质将逐渐得以取缔或者废除。类似化肥、农药与化学除草剂等。

一、树种的培育阶段

我国在林业育种上虽然起步较晚，可近几年间的发展速度迅猛。尤其是对一些重工树种的培育上取得了较为明显的成果。杉木作为我国几大种植树种之一，其森林面积在1993 的统计中占地 911 万公顷，60 年代初期，叶培忠、陈岳武在福建洋口林场开展杉木选优并开始建设杉木种子园，进行品种的改良与相关系列工作等，到 80 年代随着现代统计与计算机技术的发展，杉木培育方法，试验基地都得到进一步的更新换代，中南林学院杉木生态研究室等一些研究机构与个人推进了杉木森林的种植体系，并逐渐回归生态林地上，并根据不同地域形成不同的栽培体系。广西林科院及其合作单位在截至 2015 年年底已经开始生产无性系苗木，并年产 200 万株左右。其高产的方法主要是选择优秀杉木苗种，选择时要查看是否有良种证，广西目前已经取得良种证的园林有：昭平县东潭林科所种子园种子、象州县茶花山林场种子园种子、全州县咸水林场种子园种子、天峨县林朵林场种子园种子、融安县西山林场种子园种子。苗木造林应采用一年生，杉木二级容器苗高 20厘米、地径 0.4 厘米以上的并通直、顶芽饱满、根系发达无损伤与并虫害。种植地应选择海拔 1000 米以下，忌风口、半阴坡较好，土层厚度大于 50 厘米、湿度一般不积水、坡度在 10 与 35 度之间的黄土壤或红土壤。杉木前 3 年必须进行抚育包括松土、除草、深挖等，全面整地采用全面抚育、带状采用带状抚育，严禁修打活枝并及时除萌，最好每年进行一次施肥。

二、科学的育苗程序及控制

育苗程序：美国在容器苗培育上有着较为先进并且具有完整的一套程序。根据相关资料，美国的某公司在育苗的控制中采用了这一程序，并经过长时间的研究，收获了一套独有的控制技术。比如，在生长期，育苗的基质制备、种子催芽、所用容器的选择、播种、浇水、施肥、盐渍化、基质酸碱值的控制，苗木封顶、炼苗、育苗环境的控制，出圃和再培养等一些方面均做得非常规范，并取得了理想的效果，培育出的苗木不但蓬勃生长同时也具有整齐的规格。

树种处理技术：随着培育技术的不断发展，人们对森林培育意识也在逐渐提高。森林的培育和利用正在逐渐向多功能进行转变。国外近几年在林地的经营上主张以环境保护为主要原则，在低海拔的一些地区的农田上种植适合生长的阔叶树森林，从而达到了改善周边环境的目的。在增加休闲的同时也对环境进行了改善，国外的一些专家对本土的一些树种进一步深入的研究，根据指定的树种制定了适合的种子培育方法。从种子的种植到生长的整个过程都进行了控制与处理，并伴有完整的一套规范技术。

树种体胚苗生产技术国外有相关资料介绍，美国的惠好公司已经成功的对针叶树体胚苗有系统的生产技术。其根本就是在最初选择优良的品种，经过培养成熟的体胚系统，进行严谨的筛选过滤后再运用包衣技术对规格基本一样的体胚做成人工种子，再进行播种。

苗木施肥技术：苗木的施肥环节是一个非常重要的过程。根据相关的技术资料记录，对容器苗木的施肥过程应该是采用更为精确的苗木鲜重控制，如此才能够按期测定苗木的鲜重过程，通过对几个苗木生长期的重量情况确定施肥的种类及数量与施肥方式，从而掌握施肥期的施肥方法。

灌溉水质控制：对林业苗圃的灌溉用水要实行精准的控制。主要是按期对灌溉用水进行 PH 值的测定。主要是灌溉用水所含金属离子的量。

三、林分优化管理方法

对土壤养分进行管理：通过对人工林地的土壤进行按期检测，还需要对树木体内所含的养分进行有效的科学分析，确切把握土壤与树木所需营养情况。我国是杨树大国，在多年来的种植中同样得到了相关的土壤养分与施肥技术的大量实验研究信息，基本做到了对土壤养分的精确管理。

大径树材的培育：大径树木的种植期一般相对较长，国外对此类树木的培育方法均是使用植密度等于收密度的方式，就是运用固定的直径修枝法，对树节的大小与数量进行严格的把控，使枝节能够形成具有无节优质木材。我国对杉木人工林的培育有较为深入的研究，其对土壤，排水条件的选择也是非常重要的，光照度与林下植被的多样性，生态的平衡，能够极大的杜绝虫害的发生。杉木其自身具有的易加工，防腐等特点是我国选择大量树种种植的优选之一。

森林培育工作因其具有较长的生长周期，且对环境与综合因素的需求与影响都应当受到极大的重视。伴随着人类日常活动的增加，其对森林与环境的需求正在逐日附加，森林的优化管理与培育技术是当下最棘手的研究课题，其发展不容小觑，我国目前已经取得了杨树种植的大量研究成果，仍然需要大力发展其他树种的培育技术，从而实现完善的自然体系。

第五节　北方地区森林培育技术的精准化

在林业发展中，森林培育工作是保证林业生产效率和质量的关键工作内容，在长期发展中森林培育的技术水平取得了较大的进展，为林业经济的发展奠定了良好的基础。北方地区的林地面积较大，采取有效的森林培育技术可进一步提升林业生产能效，需将其作为发展林业经济的重点区域。为了达成实现林业经济可持续发展的目标，本节针对精准化森林培育技术展开研究，探讨其在北方地区森林培育工作中的应用。

在节约型社会中，如何利用有限的资源创造更大的价值是各个行业发展的共同追求。尤其是在进行林业建设时，既要满足社会效益和经济效益，还需满足生态效益，这便对林业生产提出了更高的要求。而精准化森林培育技术的落实，则可有效提升林业生产效率，同时也可起到改善林区生态环境的重要作用，这与林业发展实际发展要求相符。因此，有必要针对森林培育技术的精准化展开研究。

一、精准化森林培育技术

精准化的森林培育技术指的是，在森林培育的各个阶段，采取精准化的技术和标准，约束具体的森林培育工作，保障各个阶段工作的标准化开展。特别是要在其中融入现代化技术和信息化技术，将更多健康和发展的理念引入到森林培育工作中，促进整个森林培育过程的良性发展。在现代林业发展中，各类技术在林业工程中的应用作用较为突出，这也为精准化森林培育技术的应用与发展提供了极大的便利，是促进林业经济健康发展的重要手段。

二、精准化森林培育的技术要点

（一）育种精准化

育种工作是保障树种成活率的关键环节，为使林业生产效率得到保证，需要将精准化技术应用于森林培育的各个阶段。在育种工作中的应用是通过分析林地特点和林木的培育需求，选择最佳的种植品种，之后按照树种培育的规范标准开展育种工作，要求每个步骤和环节均需要严格落实育种标准，不得出现违规操作的现象，以免影响育种质量和育种工作的精准化水平。

（二）育苗精准化

苗木的质量会对树木长势和成材率产生直接影响，在进行育苗工作时，需要综合考虑气候因素和林地因素等。精准化育苗可实现对土壤条件的有效改良，使其更适宜苗木生长，可对自然因素和气候因素进行有效调节，为其营造较好的生长环境，同时还能精准的控制肥力和水分，确保其在良好的生长环境下得以健康发育，这对于促进林木长势具有积极作用。

（三）整地精准化

在精准化技术的指导之下，可保障对整地时间和整地方式的有效选择，对于土壤中残留杂物的现象也可采取适当的处理措施，结合林区的实际状况进行整地处理可更好地提升林地质量，为森林培育奠定良好的基础。

（四）栽植精准化

是将森林培育作为基础，根据树种生长特点和林地特点，对栽植方式进行有效选择，促使树种快速生长的技术。

三、北方地区精准化森林培育技术的应用

（一）在育种环节的应用

精准性理念从提出到现在已经取得了较大的应用进展，在森林培育工作中的作用较为突出。就其在育种工作中的应用来说，精准化技术可使树种的性能得到有效优化，在无性育种和种间杂交中发挥了重要的作用，培育出了更多的优质树种，为森林培育工作的开展提供了基础保障。

（二）在育苗环节的应用

在育苗期间，可根据品种的生长特性，确立最佳的施肥方案和浇水方案，确保水分和养分的及时供应，从而保障苗木的健康生长。同时精准化施肥也可达成提升肥料吸收率，控制施肥成本的重要作用。

（三）在整地环节的应用

根据林地整地规范有效落实整地工作，结合林地特点和树种的种植要求，确立最佳的整地方案，保障林地环境和土壤养分能够满足苗木生长需求，通过为其营造良好的生长环境来促进苗木生长。

（四）在栽植环节的应用

结合北方地区的林地条件，对于品种、种植时间、林分结构、栽植密度等进行合理设计，确保栽植计划的合理性，从而实现提升林木生长效率，提升成材率的重要目的。

四、推行精准化森林培育技术的主要措施

制定精准化森林培育技术规范。结合以往的精准化实践经验，对于精准化森林培育技术进行全面梳理，确立出相关的技术规范和标准，为精准化技术的有效应用与落实做出正确的引导，以免由于缺乏精准化的技术经验，导致森林培育技术难以实现精准化发展，影响最终的林木生产效能。

增加技术投入。为保障精准化森林培育技术的有效落实，应加大在技术落实和研究中的资金投入和技术投入，鼓励相关的技术人员进行精准化培育技术的研究与探索，确保形成更多有利于林业生产的精准化培育技术，为森林培育工作的开展和落实提供保障。

加大人员培训力度。精准化森林培育技术的落实，对于林业生产人员的专业素质提出了较高的要求，其必须全面掌握森林培育的技术要点和规范，方能保障森林培育工作的准确落实。而实际上，大部分林区的技术人员均存在素质偏低的问题，致使精准化工作的施行受到了一定的限制影响。因此，应加大人员培训力度，定期开展技术和业务培训工作，提升整体人员队伍的专业素质水平。

实现精准化森林培育技术管理体制的变革。对于既有的森林培育技术管理体制进行整改，使其逐步朝向精准化、现代化和信息化的方向发展，将精准化的理念落实到实际的森林培育工作中，通过完善的管理体制对具体的森林培育工作做出指导，这是保障森林培育工作有序开展的重要手段。

在环境问题的影响下，林业建设备受人们的关注，为了保障林业建设工作的高效开展，需要采取有效森林培育技术，促进林木生长，尽量缩短林木的成林时间。而要想达成上述发展目标，需在森林培育技术中融入精准化的发展理念，通过细化森林培育技术，来增强森林培育的效率和质量，从而提高林业建设的效率。

第六节　森林培育技术现状及管理措施

森林对于全人类而言，都是极其重要的自然资源，是地球上的基因宝库、蓄水池与能源站，对维系地球的生态平衡发挥着极其重要的作用，是人类的文化摇篮及赖以生存和发展的绿色银行。因此，我们应当高度重视国内现有森林资源的合理利用与培育管理，积极展开对于森林的发展与保护工作。

随着科技的飞速发展，生物方面的技术也取得了多项突破，传统森林培育技术也得到了升级与改善。但相比发达国家而言，我国森林培育技术起步时间比较晚，多数树木育种还停留在第一世代，与西方发达国家之间还存在较大的技术差距，因此，我们更应加大对森林培育技术的重视，与我国实际森林状况相结合，研究探索适合我国森林特点的森林培

育技术，不断钻研，寻求进步，以期提高我国森林培育技术的整体水平。

一、我国现有森林培育技术分析

随着生产力水平的不断提高，国家科学技术水平的不断发展，我国的森林培育技术也已经构建了有着顺应自然规律、与实际相结合、专业性强、执行方便等优点的完整的技术体系，并取得了一定发展成果。首先，我国已经培育改良出了许多性能优异的杨树品种，改良杨树较之前的普通杨树平均木材生长量提高了15%左右，木材中纤维素含量提升了2%以上，为我国制浆造纸及工程建筑行业提供物美价廉的优质原材料。从成本角度促进了社会经济的发展。其次，我国森林培育的专业技术缩近了与发达国家的距离，杉树子是一种分布在我国长江流域的常绿乔木，其果实可以入药，有着理气散寒、消肿止痛的作用。我国对杉树子进行了深入的研究，杉树子的代测定与杂交试验等项目已经进行到第三世代，填补了我国森林育种技术的空白，对我国其他树种的育种育苗有着重要的启发与参考价值。最后，在我国林业工作者不断地创新与努力之下，独立培育出了无性繁殖种子园，并建立了桉树树种的基因库。虽然我国森林培育技术起步较晚，经验较少，但在我国林业工作者夜以继日的奉献与努力中，已经取得了一定成果。

（一）育种技术

种子处理技术。种子处理是在森林培育中育种过程里非常重要的环节，一般有化学法及物理法两大处理方向，经过药剂浸泡、等离子体技术、高压静电场、超声波等技术处理过的种子，可以加速种子萌发，增加种子的存活率，提高种子的活力与抗病性，从而提升了如杨树等木材的产量，达到良好的森林培育效果。种子处理技术要基于树种类型及特征出发，在对树木性状较为了解的情况下确定最佳的种子处理方式，为种子量身定做科学的加工体系，重点关注储存条件、外界环境等对种子萌发造成的影响，为森林培育效果的改善奠定基础。

体细胞胚苗生产技术。林木体细胞育种技术正处于研究与发展阶段，现已经通过研究脱落酸、凝固剂及培养方式，来诱导可对抗松材线虫病的赤松体细胞胚发育及成熟萌发。完整的体细胞胚发育成为植株个体，需要发生包括脱分化、愈伤组织的形成以及体细胞胚的发育和成熟萌发等过程。针对不同类型的树种来说，体细胞胚苗生存仍需要从结合现实实际情况出发，对体细胞胚苗生产系统进行综合的分析，并在实际育种过程中不断地进行完善与改进，将优质的基因可以迅速地大量推广，以达到良好的森林培育效果，大大提升森林的抗病性。

育苗技术。育苗技术中新出现的微繁技术改良了幼苗在温室及大棚中的培育方法，顺利地将森林幼苗培育变成一个发展前途一片光明的产业。首先，通过微繁技术能够改善众多林木幼苗以及无性繁殖植物的繁殖效果，建立了如桉树等树种的基因库，在基因工程的帮助下，筛选基因，优选优育，能够有效地缩短幼苗的培育周期，对于扩大森林面积提高造林成活率，促进林地尽快成林和郁闭成林发挥着至关重要的作用。其次，微繁技术引进了先进的工艺与设备，借助计算机对幼苗进行高精度的控制，通过理代化智能温室管理法，将森林培育技术进一步改良与提高。

二、森林培育的有效管理措施

管护幼苗，适时抚育。在对森林进行培育之后，应当及时对森林加以经营管理，以此提高所培育森林的造林成活率，确保造林成效和经营成效。加强管护就是要确保所培育的森林，不遭受火灾、病虫害、人为及牲畜的危害，确保林地能够持续健康生长。根据苗木的生长情况和林地情况适时的进行抚育作业，对不同的年龄和生长阶段的苗木，根据郁闭度、林木分化程度，及时进行包括幼林抚育、生态疏伐等各种促进林木生长作业的方式和方法。

幼林抚育。当所培育的森林苗木生长到一定阶段时，栽植点上的杂草灌木也开始生长茂盛，与幼苗、幼树争夺阳光、空间、营养和水分，所以必需的进行及时的中耕除草等幼林抚育措施。幼林抚育的季节一般在夏季6~7月和初秋9~10月份进行。幼林抚育时要注意不能伤害到幼苗、幼树的根系、树皮、顶芽等，以"里浅外深"为原则，保持中耕土壤的厚度在15cm左右为宜。

生态疏伐。当森林培育的苗木生长到一定阶段，郁闭成林时苗木进入生长的旺季，所需的光照、水分、养分、空间都在不同程度地进行增加，根据森林培育的苗木生长时的立地条件及生长状况，适时调整密度，进行生态疏伐措施是确保林木快速生长的主要手段，在进行生态疏伐时要按照"近自然经营"的原则，合理地进行抚育作业，使森林培育的苗木生长的区域阳光透光均匀，养料充分，可以健康持久的生长。

采伐废料及林木凋落物的管理。为使森林培育过程得到良好的效果，任何环节都不能放松，对林木凋落物和采伐余料也要进行科学的管理。首先。为确保林木凋落物满足回归森林的具体要求，需要辅助以专用的机械设备，切割破碎体积较大的苗木凋落物，避免其对其他林木造成损伤，遮挡正常林木生长所需要的空间与阳光，阻碍其他林木正常生长。其次，林木残留凋落物回归森林可以加强森林土壤肥力，使森林培育进入一个可持续发展的状态，但是林木凋落物被分解者分解是一个漫长的过程，因此我们可以运用科学的手段进行干涉，将林木凋落物的总含量维持在一个合理的范围之内。最后，合理的砍伐，适当的利用有助于森林资源的永续，我们要制定科学的采伐措施，在不影响森林生长及生态保护的情况下，创造更大的经济效益。同时应格外注意，采伐时不应对周围林木造成损伤，采伐产生的废料要及时带走，不能对整个森林环境造成影响。

创新森林经营防护制度，加强火灾防护。随着科技的发展，森林经营防护制度也应与时俱进，运用信息化手段进行管理。首先，各级领导部门要全面落实责任制，对森林进行实时监督，全体投身到森林资源的保护当中。其次，运用现代技术手优化森林防火信息管理系统，在做好防治的同时认真落实各种森林防火体系，加强森林防火知识宣传，依法维护森林资源。最后，在经济条件容许的情况下，创建专业的森林防火队伍，遇到火情及时出现，将火灾损失降到最低。

森林培育技术是维持森林生态环境稳定与支持人类长期健康发展的重要基础，加强对森林培育技术的重视程度，重视森林培育技术的发展，有助于国家环境保护工作的推进及生态的可持续发展。所以国家及相关部门应当加大对于森林培育技术的研发力度，鼓励对森林培育技术的研究与探索，加强对森林培育技术人才的培养，以期我国森林培育技术及管理工作能发展得更快更好。

第七节　强化森林培育技术，助力森林经济效益的资源增长

针对中国森林培育与森林生态建设现状、森林培育与资源管理与控制等问题，分析了如何提高森林培育质量和改善森林生态建设的方法。参与森林培育的技术可以提高森林培育率，社会经济在不断发展，栽培树木可以提供可用的木材，森林资源的开发利用越来越强大，从而破坏了森林资源，影响森林培育质量和森林生态建设。目前，森林生态建设与社会经济发展不相适应，森林生态建设的步伐不能满足需求，从而必须改善地段环境，提高原始森林的质量，达到保持森林生态资源增长的有效经济效益环境。既要创造高效的养殖模式，又要对生态环境产生良好的可持续发展影响，从而促进林分质量逐步提高。针对社会经济的快速发展促进了中国各行各业的效益平衡发展，充分发挥了树木独特的功能和多样化的效益功能，突出了不同层次的森林资源经济效益。

一、中国的森林培育和森林生态建设现状

森林资源作为我国重要的资源之一，继续转变经营观念，森林质量的下降影响着生态建设的进程。加强促进森林培育和经营的稳定发展。为中国社会经济的发展做出了巨大的贡献。培育优良品种完善栽培管理机制，只有提高森林培育质量，建立林业系统自然保护区。只有提升管理观念，才能有效促进林业系统实现最大化的节能经济效益，同时管理重视度低，最终实现促进社会发展和经济发展的目标具有一定的作用意义。实践能力差，中国的许多地区必须提高栽培管理水平。森林培育管理体制不完善，促进中国社会经济的可持续发展。缺乏相应的管理机制等，必须提高森林的质量和效益，才能改善森林生态建设，要实现森林资源的合理利用，林业发展经济滞后，这将导致森林生态系统的建设。

二、森林培育与生态建设存在的问题

森林培育主要对森林资源进行改造，以森林资源物种造林立地的种质选择等条件改造为基础培育，有效促进森林资源的优化发展。

中国森林培育质量生态建设的需要。中国森林资源的开发利用不断加强，森林培育质量逐渐下降。因此，整体经济效益逐渐下降。森林培育监督相对不足。中国的森林培育技术相对落后，资金短缺和相关人才短缺。

影响森林资源生态建设监管的进程和发展成效。森林生态建设需要面对和解决自然灾害、病虫害、人类破坏等诸多问题。缺乏健全的森林生态补偿机制，这些问题需要相关部门加强管理和监督才能解决。森林生态建设需要投入大量资金，然而在实际工作中，因为人员配备和养殖管理都需要资金支持。存在着各种各样的不利因素，由于缺乏适当的森林生态补偿机制，如布局分析薄弱、信息资源不健全、林业建设中存在的问题，许多森林资源开发活动不能为森林培育和建设提供补偿，森林资源缺乏健全的监督体系等，不利于森林生态建设的可持续发展，以上这些都是非常重要的要重问题。

三、提高森林培育资和资源增长技术强化森林经济效益措施

随着经济的不断发展，深入分析了森林培育技术的发展趋势和森林培育管理，森林与人类的生活和生活环境息息相关。提出了提高森林培育管理质量的有效措施，森林资源也在逐渐减少，林业的发展面临着许多挑战，以促进林业产业的可持续发展。

森林经营的根本目标是培育健康的森林生态系统。森林培育应与实际情况相结合，应加强对森林培育新技术和新概念的研究，提高森林培育技术水平，提高森林培育的理论知识和实践能力。只有这样，才能提高森林培育质量，改变传统的森林培育观念。实现森林可持续经营。为了提高林木种植者的思想意识，树立科学的森林经营理念，树立可持续经营和生态管理的理念。

充分认识森林培育的重要性。森林栽培以树木为主。为了提高森林培育的质量，应在协调生态环境的基础上开展森林培育的相关活动。应充分认识森林培育的重要性。要充分认识森林和生态环境的性质和特点，实现森林培育的作用和功能，形成森林培育意识，提高森林培育质量。森林资源的培育是十分必要的。科学的森林培育可以保护生态环境，森林培育的质量不能满足中国社会经济发展和自然生态环境改善的实际需要。为了解决人类在社会经济发展中对生态环境的危害，针对当前森林培育中存在的主要问题和建议，可以有效地防止各种生态问题的发生，严格控制管理机构的机制。开展森林培育，实现生物多样性的生态平衡。为提高科技含量的质量管理，林业部门应建立健全规章制度。

森林培育技术掌握的正确发展趋势。建立规范化的森林培育机构体系，可以促进社会经济效益的快速发展，充分把握了森林培育技术发展的生态、战略和规范化趋势。森林培

育技术的发展直接影响着森林培育的质量和环境与生态的实际问题，同时也方便了人们的生产和生活。只有掌握科学、先进的森林培育技术，世界上每一个强大的国家都是一个文明高度发达、精神物质文明高度发达的国家。为了使林业可持续发展和市场发展的需要，林业和林业资源得到加强，森林培育工作由单一的森林资源开发向资源开发的多样化转变。保持生态平衡的基础上，提高林业的质量和发展水平，建立有利于综合开发的生态资源库。

遵循森林培育的坚持原则。生态保护与经济效益相结合。首先，生态保护是森林培育的基础，不断提高森林培育的效率。在森林培育中，应坚持生态保护原则，加强生态维护管理，避免生态环境破坏的发生。其次，要实现森林的可持续发展，就必须坚持森林培育的长效原则，以森林培育技术的应用为基础，确保苗木培育的长效性，延长林木的寿命，提高森林的生存能力。森林树木，重视森林培育技术的价值，培育高产优质树木。再次，坚持防灾减灾方针的同时，提出加强森林培育技术在各关键环节的应用要点，加强森林培育管理。针对森林病虫害、自然灾害和人为破坏的影响，提出了在新林区实现精准森林培育技术的关键点，提高了森林培育的监督能力，是精准林业的关键。分析了建立风险控制和管理机制，探索精准森林培育技术的内容，确保森林资源的有效开发。根据精准森林培育技术的发展趋势，希望能为林业的可持续发展做出贡献。

健全相关补偿机制。生态建设通过完善补偿机制，针对当前森林生态建设面临的困难和要求，提高森林生态建设后备能力。应积极完善相关法律法规，结合各开发项目的实际情况，完善森林生态建设的相关补偿机制。制定综合补偿条款和条例，细化标准内容有效促进森林生态建设与发展。加大对森林生态建设的投资力度，明确森林资源开发责任人的权利和义务，在开发森林资源的同时，根据发展的范围和深度，为森林提供合理的补偿。

构建正确的生态经济理念。为了提高森林建设效益，必须依靠更多的资金来改善生态建设，建立完善的森林生态建设与管理机制，改善过去的缺陷和不足。从国民经济发展的角度看，经济发展必然会对森林资源产生影响。森林生态建设与社会经济发展之间存在着矛盾。因此，有必要树立正确的生态经济观，加大资金、人才和技术的投入，把生态建设与经济发展结合起来。森林生态建设是实现原始建设和社会经济共同发展的巨大而长期的工作。

随着社会全面可持续战略的普及发展，生态环境的平衡得以维持。森林培育和森林资源保护是林业生态建设的重要组成部分。森林工程等绿色工程引起了社会各界的广泛关注，表明了森林资源的重要性。要了解森林资源保护的重要性和紧迫性，森林培育的主要作用是分析加强森林培育和森林资源保护的战略，只有提高森林培育的质量，分析森林培育的应用。促进林业健康发展，为了实现森林资源的有效保护，针对新时期森林培育发展中存在的问题，改变中国的社会经济发展模式，促进中国社会和经济的持续稳定发展，经济发展要改变生态经济和绿色经济的概念。

第五章　林业勘察理论研究

第一节　新形势下林业勘察设计理念的优化

经济社会的发展不仅带动了城市化发展，也对我国林业发展产生了重要影响。林业勘察设计需在相关规章制度和设计理念上推行多元化发展目标，在创新思想下促使我国林业更符合新形势发展需求。

一、传统林业勘察问题所在

（一）思路的局限性

传统林业勘察的最终目的在于优化当前林业发展，因此其勘察设计落足于林业发展存在一定局限性，忽视了林业发展对我国社会化建设和生态化建设的服务能力。由于传统林业的实施目的在于经济效益并非生态效益，因此在勘察思想上更重视经济性，忽视了对环境和社会资源的有效整合。思想的局限性造成林业发展在设计局限下仅停留于植树造林促进经济层面，无法在新形势下对我国生态建设产生有益影响。

（二）工作的滞后性

以往林业勘察工作的最终目标与工作重点在于林业开发，具体而言为针对林业种植、采伐展开相关工作，让林业更具经济型发展趋势。但是，这种发展工作处于滞后性状态，勘察的目的并非促进林业发展，而是在林业发展后如何利用，属于不科学、不健康的发展观念。同时，部分勘察设计存在明显不恰当性，如在喀什地区 2015 年以来新营造的树种明显单一化，虽然种植面积大，但单一种植下无法通过多结构林木的组合实现多元化林业建设，且缺乏防护技术与种植技术，导致当地林业发展停滞不前。

二、勘察设计理念优化策略

（一）强调生态服务建设

传统林业勘察思路在顺序上往往是先行勘察后，按照勘察结果调整实际工作。在这一过程中，若存在做法上的误区，往往会一环接一环导致严重后果。以往勘察设计中并没有过度关注生态建设，只将目光放在当前林业种植状况，忽视了可持续发展，无法充分利用勘察结果，最终导致阶段性设计方案与实际情况和发展需求不相符，设计缺乏全面性。在生态服务建设理念指导下，林业勘察设计必须在充分了解当地生态状况和基本信息的基础上展开设计，树立服务性思维，让勘察的重点不仅放在林业发展上，还应考虑社会化建设和现代化建设。

（二）深化勘察设计理念

新形势下，勘察设计理念必须有所深化，而非停留在单一层面。应结合城市发展、人文景观、旅游资源等，在林业设计中融合当地文化，建立文化特色和生态特色的林业模式。对于勘察设计人员，首先应确保勘察的真实性，在多元化思维下大胆设计。其次，应强调森林资源的保护性，并与其他资源相联系，实现多元化科学发展。最后，合理利用林业资源，虽说可获取部分经济收益，但不可过分重视，避免林业资源不可逆受损，要禁止一切非法毁坏行为，做到对林业资源的深层次和可持续性合理利用。

（三）优化勘察方式

纵观世界林业发展状况，我国相较于发达国家仍存在部分差距。在林业发展上，传统手段为测绳和皮尺。随着科技的发展与社会的进步，地形图、罗盘仪以及油锯等工具逐渐应用于勘察设计。如今，卫星定位系统和地理信息系统的普及，使 GPS、卫星照片等手段有了广阔的发挥空间。在科学技术的影响下，林业的勘察手段同样需要有所改进。可借鉴国外先进的勘察手段与设计理念，结合我国普及的工具仪器，让勘察设计与技术以科技手段为支撑，适应新形势的工作要求。

（四）正确面对当前形势

随着我国国际地位的不断提升，若在林业发展中仍秉承陈旧思想，会直接制约林业的长远发展。在勘察设计方面，落后的观点会直接影响勘察设计质量，无法及时发现目前林业发展中的问题。在环境改变背景下，我国林业逐渐出现了水土流失情况，在勘察中必须加以重视并做到心中有数。考虑到当地环境承载能力，需促使林业资源得到更长远的发展。在水土安全基础上，要为林业的发展制定正确方向。勘察设计者必须认识林业建设与环境问题的关联，只有在水土资源、生态资源、环境资源、水资源以及土地资源均衡发展下，才能够为林业发展提供良好的环境。

（五）更新相关制度

目前，我国林业勘察设计采用的制度规定与文件大多较为陈旧，已经不适应新形势的发展需求。尤其是近年来我国不少地区颁布了环境保护与林业经济相协调的相关文件，强调了对林业植被的保护，降低了植被消耗量，减轻了水土流失。但是，在具体的方案措施上并没有形成条理性与规定性。因此，林业勘察人员应充分了解与展望林业发展趋势，相关管理者要在规定标准、技术要求以及政策等方面有所革新，为林业的勘察设计提供支撑。

林业勘察设计在林业发展中处于重要位置。一直以来实施的《有关强化林业发展的部署》，已经无法满足新形势下对林业发展的实际需求。要想让我国生态环境不断优化、林业发展实现长足发展，必须根据林业实际状况更新设计理念，实现经济与生态的双重发展。

第二节 新形势下林业勘察设计

林业勘察设计工作不仅需要技术人员掌握相应的专业技能，还需要技术人员具备较高的职业素养以及思想觉悟，但是，很多相关工作人员并没有真正认识到林业勘察设计工作的重要性，也没有给予足够的重视，不仅不利于林业勘察设计工作质量和效率的提升，也对林业资源的合理利用带来了一定的影响。

一、林业勘察设计工作的作用

（一）有助于明确林木的使用权和所有权

随着国家对林业发展的愈发重视，林地承包规模和数量得到了显著提升，有效推动了森林覆盖面积的增加，也推动了林业的蓬勃发展。但是，随着林地承包规模的不断扩大，林木使用权和所有权冲突等林业经济问题也愈发突出。而重视并加强林业勘察设计工作的开展，并以客观、公平的勘察设计结果作为林木使用权和所有权的划分依据，不仅可以有效缓解和平息因林业经济而产生的纠纷，并保护林业承包者的合法权益，也有助于林业承包行业的规范化发展。

（二）可以为林业生产建设工作提供依据

林业不仅具有较高的经济效益，也具备较高的生态效益和社会效益，所以，林业建设工作应以当地生态平衡以及林业的可持续发展为基础。但是，很多地区在林业经营管理上还存在侧重于经济效益的现象，不仅容易引发林业资源过度采集的问题，也不利于当地生态平衡的维护。而通过林业勘察设计工作的开展，可以获得更为全面、准确的林业信息，不仅可以为当地林业规划和林业建设工作提供更加有效的数据支持，还有助于提高当地林业生产决策的科学性和有效性。

（三）有助于提升林业资源保护工作质量

随着社会和经济的不断发展，对林业资源的需求量也在不断提升，极大地增加了林业资源的消耗，也容易引发各类气候和环境问题。而加强林业勘察设计工作的开展，可以全面、深入地掌握林业资源以及森林的实际情况，从而为林业资源保护决策以及保护工作的开展提供翔实、准确的数据依据，不仅有助于提升林业资源保护工作水平，还有助于促进林业的可持续发展。

二、新形势下提高林业勘察设计水平的措施

（一）加强林业勘察设计沟通平台的建立与完善

各地区的林业勘察设计工作普遍具有涉及部门较多、工作内容较为复杂等特点，但是，却缺乏足够完善的林业勘察设计沟通平台，使得林业勘察设计相关部门之间缺乏有效的沟通与合作，不仅容易导致部分工作内容的重叠以及林业信息的冗余，也不利于林业勘察设计工作质量和效率的提升。所以，建立完善的林业勘察设计沟通平台，是提升林业勘察系统功能与成效的重要举措之一，不仅有助于协调好各部门之间的配合与协作，还有助于制定出科学、完善的林业勘察设计方案。

（二）加强林业勘察设计工作的信息化建设

林业勘察设计工作需要根据当地的林业分布以及森林覆盖面积进行规划和开展，使得林业勘察设计工作的工作量较大、工作内容较为烦琐，极大地提升了林业勘察设计工作的难度。而将信息化技术合理运用到林业勘察设计工作当中，例如，利用信息化设备对林地面积、林地物种以及林木生长情况等信息进行勘察、记录和保存，不仅可以有效避免林业相关信息遗漏等情况的发生，从而确保林业相关信息的完整性和准确性，还便于对林业信息进行整理、分类以及调用，对于提升林业勘察设计工作的质量和效率有着积极的促进作用。

（三）合理应用 GPS 定位系统

GPS 定位系统在林业勘察设计工作中的运用，主要是在林业勘察以及林地测绘等几个方面。首先，在林业勘察工作中，原本由人力难以有效实现的工作可以借助 GPS 系统来完成，例如，利用 GPS 系统对森林样地进行准确定位，从而方便林业勘察后续工作的实施；其次，在森林面积和地形测绘工作中，工作人员不仅可以利用 GPS 系统对林地面积进行测量，还可以对当地林地覆盖面积等情况进行全面、翔实的了解，从而为林业勘察工作提供更加准确的数据支持；第三，GPS 系统还可以应用于林地资源管理工作中，例如，利用 GPS 技术对林地各个区域进行实时监控，避免违规占用林地等情况的发生，同时，在出现乱砍滥伐等森林资源盗取和破坏事件时，也可以利用 GPS 技术对破坏地点以及破坏面积等信息进行准确定位和收集，并为后续的林业资源破坏案件处理提供有效的信息依据。

（四）加强林业勘察设计人才的培养

专业人才是林业勘察设计工作的主要参与者和执行者，对勘察设计工作质量和效率有着直接影响。由于林业勘察设计工作涉及领域较多、工作内容也较为复杂，对工作人员的

专业技术水平以及知识面有着较高的要求，这就需要有关部门重视并加强林业勘察设计人才的培养工作。首先，有关部门应贯彻"科教兴林"的理念，制定科学、完善的工作人员培训计划，将树苗选择和培育以及病虫害防治等领域的新技术、新知识纳入培训内容中，加强工作人员专业知识以及岗位责任意识的培养；其次，有关部门应加强对专业人才的招聘和考核，通过更好的待遇以及更加科学的筛选考核机制，吸引更多的优秀专业人才加入林业勘察设计团队，推动林业勘察设计工作的科学化、规范化发展。

总之，林业发展对我国城市建设以及社会经济发展有着重要影响，而林业勘察设计工作则是林业管理的重要组成以及管理依据，这就需要有关部门认识到林业勘察设计工作的重要性，积极研究勘察设计工作中的实际问题，并投入更多的资源以及精力进行改进和完善，从而促进林业勘察设计工作水平的提升。

第三节　新形势下林业勘察设计要点

过去，由于人们的技术水平不高、国家相关政策不完善，林业勘测工作迟滞不前。在新形势下，林业勘测得到重视。林业勘测设计工作需要相关工作人员有很好的业务能力，也需要他们在思想认识上对林业勘测加以重视。

一、林业勘测的实际应用

在新形势下，林业大多都以承包的形式开展建设，这使林业发展方式变得多样化，但是也让林业中相关的个体有了权益纠纷。因为林业勘测注重公平性和客观性，所以林业勘测在解决林地所有权和使用权方面有很重要的作用。

林业勘测还可以为林业建设提供有效信息，使森林保护工作顺利开展，保证林业高水平建设、高效率发展。实际建设中，一些地区林业环境被严重破坏，林业资源被大肆掠夺，生态环境保护现状与地区经济发展很不平衡。林业勘测可以为相关部门提供准确的林业信息，使林业工作人员可以根据充足的信息对森林开展保护工作。

二、勘测设计要点

（一）加强信息收集整合

我国是一个林业大国，森林面积非常广阔，在实际进行林业勘测作业时，对完整的林业进行勘测、调研和规划有很大的困难。由于面积广，相关工作人员在收集林业信息时，工作量很大。对于这样的情况，相关信息部门可以建立一个林业信息服务平台，将收集的信息传到信息平台上，然后整合各区块信息，将一些比较基础的信息传到信息平台中，如我国林业面积、树木的种类等。这样工作人员在进行林业勘测时会减少很多工作量,利于林业建设。

(二)加强勘测设计人才培养

在林业勘测工作中,勘测设计内容多且复杂,工作人员需要储备丰富的知识体系和较强的专业技术水平。在进行人才招募时,相关勘测设计公司应提高招聘要求,设计高门槛,这样可以提高勘测设计人员的学习动力。在企业内部,可以定期提供人才培训课程,邀请相关专业技术专家进行讲座,不断丰富工作人员的知识储备,提高技术水平。企业也可以设置一些考核项目,对员工进行知识技术考核,设置相应的奖惩制度,调动员工的工作积极性。这对于建设专业的林业勘测设计团队有很大帮助。

(三)加强技术应用

随着社会不断发展,我国科学技术水平有很大进步,科学技术的应用对林业勘测工作有很大帮助。想要实现高水平、高效率的林业勘测,让林业建设持续健康发展,就要运用先进的科学技术。在林业勘察设计中,有关部门应积极引入先进的栽培技术,培养高质量林木。引入自动灌溉系统,防止因为干旱造成林业质量下降。同时,要重视病虫害防治技术。

(四)完善沟通平台

有些地区将勘测、设计、规划工作下发到不同的行政部门,这些部门不能及时、有效沟通,导致各部门往往是独立开展工作,造成不必要的人力资源浪费,不能发挥整体的作用。在林业勘测设计中,需要重视整体工作的开展,可以建立有效的工作沟通平台。

随着环保工作的开展,林业勘测设计工作得到了重视。新形势下,应该加大改革创新力度,提高勘测设计水平。林业勘测设计对林业发展有很好的指导意义,必须要重视林业勘测设计工作。

第四节　新形势下林业勘察设计理念的转变

在新的经济发展形势下,国家、新疆维吾尔自治区出台了许多规章制度,其中很多方面都明确指出要加强对林业勘察设计理念的转变,强化林业的发展作用。因此,有关部门对林业发展给予了高度的重视,根据目前状况以及传统的林业发展趋势以及转变趋势来制定新的林业勘察理念,制定新的设计理念、设计目标、发展目标、发展方式等,以强化林业发展,转变勘察设计理念。在新形势下,我国已经走向了建成小康社会,而实现林业勘察设计理念的转变则是小康社会建设的必不可少的条件之一。相关从业人员必须要充分认识林业发展的重要性,充分认识转变勘察设计理念的重要性,并且在未来的工作当中树立新的理念,转变传统思想,只有这样才能保证林业的稳定的发展,促进社会建设。

一、切实为生态建设服务，实现分类经营

传统的林业勘察思想通常都是先进行勘察，然后根据勘探结果进行实际的设计工作，然而这一过程中许多错误的做法都不能改变，从而造成在一错再错的严重后果。在以往的勘察设计中，由于对于生态建设的关注程度还不够，对于勘察结果的利用也不够充分，最终的设计方案往往不够完备，与实际情况不相符合，这样的勘察设计结果将会造成严重的损失。因此，在勘察设计中需要摒弃传统的观念，做到全方面、多元化的勘察，在设计之前要充分了解地区的基本信息和生态状况，利用科学的技术方法展开合理的设计工作，利用现代化理念进行设计是关键所在。由此可见转变理念是林业建设的重中之重，树立服务性思维，从多个角度进行林业勘察设计工作不仅能够促进新形势下林业的发展，而且能够有效促进现代化建设和社会化建设。

传统的林业勘察工作通常以开发作为工作重点和最终目标，以开发为中心来开展采伐、建筑，或者种植等工作，然而这种形式的林业发展是不健康、不科学的。近几年来，随着对于生态环境的重视程度不断加深，国家鼓励和支持生态建设，提倡可持续发展，因此林业设计理念也开始进行转变，传统林业以经济效益为主，而新形势下的林业则以生态效益为主，这就是一种理念上的成功转变。此外在林业勘察设计上也实现了相应的转变。当前，林业对于人们来说是必不可少的，人们对于林业的需求也不再是以往的物质需求，而更多的是生态需求。因此在进行林业勘察设计时就更加需要树立生态理念，以生态建设为主，最大程度的显示出林业的生态功能，最大促进林业对于生态建设的作用效果，促进林业对于生态的服务功能。另外，林业发展还应当充分响应"中国梦"的理念，制定相应的管理措施和建设措施，整合有关社会资源和环境资源等。采取科学合理的经营管理模式，实现多元化的林业建设与发展，体现多元化的林业勘察设计理念。

二、熟练运用最新的技术要领和规程，掌握当前林业的相关法律法规

在现代化的今天，经济发展迅速，科学技术发展水平也相对比较高，许多人认为只要进行技术研发，不断提高技术水平，进行科学技术的合理应用就能有效解决一切问题。然而当人们真正处于一个科学技术飞速发展的时代下，许多从前没有出现或者没有意识到的问题都迫切地需要解决。但是许多问题都没有得到足够的重视，人们的思维还停留在传统阶段，没有实现思想观念上的转变。甚至还保留了许多比较陈腐的观念。对此必要进行思想观念上的革新，引进新的观念，树立新的意识，从而更好地进行林业勘察与设计。从整体上来讲，转变思想观念是一种必然的发展趋势，同时也是保证行业可持续发展的关键。在实际勘探过程中必须要充分认识生态环境的作用和状况，考察实际的环境容量，对环境问题进行详细的分析与研究，只有将最根本的环境问题解决，才能更好进行后续的林业建

设，保证林业的可持续发展。土地资源、水资源、环境资源、生态破坏程度、水土流失程度等都是在进行林业勘探设计之前所需要全面了解的信息。对于信息的搜集与探究能够有效帮助进行合理的林业勘察设计，并且一个科学的理念同样是需要以实际环境状况为基础的，因此，有关部门和有关人员一定要树立新的思想观念，从而保证林业的健康发展。另一方面还需要进行实施方案、问题解决措施等方面的更新换代，不断提高林业勘察技术，实现技术和思维的有机结合。

目前有关林业勘察设计的文件、规定、制度等有许多，但是大部分的文件都比较陈旧，已经与现代化的发展趋势不相符合，不再能够服务于新形势下的林业状况。对此，国家林业局、自治区林业厅已经对这些陈旧的、不符合现代规定要求的文件等进行了一系列的清理工作，并且根据新的发展形势和发展要求制定了新的政策法规文件。

特别是近年来国家、自治区先后颁布了关于林业经济与环境保护相协调的文件，这个文件颁布的一个重要的目的就是为了实现林业经济与环境保护的相互协调，保护植被，减少植被破坏，降低植被消耗量，从而减少因植被减少而造成的水土流失等一系列的问题，进而实现对环境的保护，保障林业经济的正常运行与发展。

以喀什地区 2015 年以来大规模人工营造生态林为例，新营造的树种比较单一，结构相对不合理，虽然面积比较大，但是大多是单一树种造林，没有实现多种林木和多种结构相结合的多元化林业建设。其次种植技术和防护技术比较落后，有关措施和问题解决方案也比较简单，并不能有效解决复杂性问题。许多措施和方案也没有形成一个完备的规定性和条理性。针对以上这些问题，有关林业勘察人员应当充分掌握新形势下的林业的发展趋势，了解当前的新政策规定、技术要求、规定标准等，并且能够熟练运用这些法律法规，以保证林业勘察设计能够按照规定的标准。依照一定的法律章程来开展工作。

三、以科技手段为支撑

在当代，社会科学技术是支撑行业发展的一大关键，可以说，林业的发展同样也需要科学技术的有力支撑。喀什地区林业发展的起步晚、底子薄，发展比较缓慢，有关技术无论是在研发上还是应用上都存在很多方面的不足。在林业勘察上，最开始使用的是斧头、皮尺等基础的工具，随后在发展过程中逐渐开始使用罗盘仪、测高仪等技术设备。到了科技发达的现代，卫星技术、定位技术、遥感技术等都被使用，勘察仪器、勘察技术都实现了很大程度的提高。但与国内先进水平和发达地区相比，喀什地区林业勘察水平还处于比较低的阶段，勘察理念落后，勘察技术不足，并且林业的整体管理以及有关政策也存在一定程度的不合理性和落后性。

目前状况，林业勘察理念的转变正在逐渐发展形成，勘察技术和设备都在进行进一步的研发，为林业勘察带来了新的活力。对此，林业勘察人员就应当更加重视科学技术的重要作用，不断提高个人能力，提高对科学技术的认识和应用，运用新的理念，研发新的技术，从而在新形势下引领林业勘察的健康发展。

四、勘察设计理念必须具有一定的深度

新形势下林业的勘察设计理念并不能够停留在单一的层面，还需要朝着更加深入的层次发展，使其具有深度。林业勘察设计人员在设计过程当中就需要具有发散性思维，学习新的设计理念，注意林业设计与地区旅游资源、人文景观、城乡发展等有效结合，促进生态环境和当地文化的有机融合，从而建立地方生态特色、文化特色等。这样的设计方式符合现代化的发展观念，符合科学的发展模式，不仅可以促进林业的特色发展、可持续发展，同时还可以将林业发展与生态和其他行业有效地联系起来，形成联合发展和规模发展。由此可见，林业勘察设计的深度性是尤其重要的。

首先，林业勘察设计人员要根据地区的实际情况来进行真实的勘察设计，保持多元化的思维方式和思想理念，大胆开展设计工作。其次，要在保证森林资源不受外界破坏的同时加强与其他各类资源的联系性，保证科学发展。第三，对于森林资源要合理的应用，不能过分追求经济效益，不能使森林资源受到大的不可逆的损失，同时也要保证森林资源不会遭受到非法毁坏。从整体的角度来讲，林业勘察设计人员需要做好的就是现代化的林业改革工作，运用先进理念来研究林业深度建设的问题，从更深的层次做好森林资源的合理应用，推进林业的健康可持续发展。

在新形势下，林业的建设与发展对于经济、环境以及社会都发挥着不可或缺的作用，林业勘察设计应当充分重视其生态功能和社会功能，保证林业的健康发展和可持续发展。因此转变发展理念，树立先进思想是尤其重要的。在现代化的林业发展过程中，需要以科学技术为基础，以先进的理念为前提，以法律、法规为保证，从而使得林业发展实现多元化，并且使其作用效果得到最大的发挥。

第六章　林业生态建设的基本理论

第一节　林政资源与林业生态建设

　　针对现阶段我国林业生态建设和林政资源管理中存在的问题，例如有关法律法规没有得到有效普及、林政资源管理体系不完善、缺乏充足资金等等，进行多角度的分析，并简单介绍了加强林业生态建设和林政资源管理力度的重要价值，提出强化林业生态建设与林政资源管理水平的有效措施，希望可以给有关人员提供一定的借鉴与帮助。

　　林业作为生态系统中的核心组成部分，能够有效维持生态系统的稳定性与平衡性，林政资源管理，主要指的是林业管理单位在实际工作之中，按照国家相关法律法规所开展的一系列工作。通过做好林政资源管理工作，可以保证林业生态建设水平得到显著提升，为广大人民群众提供一个更加舒适、健康的生活环境。鉴于此，本节重点探讨林业生态建设和林政资源管理要点。

一、现阶段我国林业生态建设和林政资源管理中存在的问题

　　有关法律法规没有得到有效普及。因为林业生态建设宣传效果比较差，一些偏远地区的居民对生态保护和林业生态建设工作缺乏全面了解，使得该地区的林业生态建设水平不断下降。森林法得不到有效的普及，部分地区的居民为了自身经济利益，经常做出违规违法行为。另外，结合林政资源管理人员的工作现状得知，由于其执法不够严格，对违法违规行为没有进行严厉惩罚，不断降低林政资源管理质量。

　　林政资源管理体系不完善。由于我国有关部门越来越重视环境保护工作，林政资源管理水平得到提升，但是，部分地区的林政资源管理体系仍然存在很多欠缺，需要相关人员进行大力的完善。因为林政资源管理体系不完善，部分地区的荒漠化问题越来越严重，影响区域经济的稳步发展。

　　缺乏充足资金。当前阶段，我国大部分地区存在水土流失问题，为了保证此问题得到良好解决，要求林业生态部门适当加大林政资源管理力度，国家相关部门还要投入大量资金。但是，因为林业生态建设区域数量比较多，资金需求量特别大，再加上林业生态建设工作具有长期性特点，需要投入大量资金，无法在短时间内获得回报，经常出现资金匮乏。

二、强化林业生态建设与林政资源管理水平的有效措施

有效普及相关法律法规，促进林业生态建设与林政资源管理工作的成功开展。

（1）林政资源管理机构不但要加强林业生态建设力度，而且要做好相应的宣传教育工作，适当加大有关法律法规的普及力度，让该地区的居民能够更好地认识到加强林政资源管理力度的重要性，强化该地区的林业生态建设水平。从居民角度来分析，要全面了解有关法律法规，提高自身的法律意识，禁止破坏林业资源，保证该地区的林业生态建设质量得到提高，促进林政资源管理工作的有序进行。

（2）林政资源管理人员要认真落实各项法律法规，一旦发现林业生态建设破坏行为，要进行严厉的惩罚，并对违法人员进行批评教育，严重的还要进行拘留。

除此之外，国家相关部门还要对林政资源管理法律法规进行完善，进而保证林政资源管理体系得到有效落实。现阶段，我国针对林地与林权等工作出台了很多法律法规政策，例如《中华人民共和国森林法》与《中华人民共和国野生动物保护法》等等，林政资源管理人员要积极响应国家号召，认真而全面地落实各项法律法规，有效提升林政资源管理质量。

完善林政资源管理体系，保证林业生态建设水平得到显著提升。

为了保证林政资源管理效果得到明显提高，要求管理人员对既有的林政资源管理机制进行优化，加强动态化管理力度，并做好相应的审批工作，促进我国林业生态管理朝着智能化、可持续化方向发展。在林政资源管理工作当中，管理人员要规范自身行为，运用新型管理方法，在强化林政资源管理质量的同时，提高林业生态建设水平。比如，在林业生态区域，可以安装一定数量的监控装置，通过在各个监控点，安装适量的传感器装置，并采用无人机进行巡视，利用监控装置与传感器装置，对林业生态环境进行全方位监控，保证林业生态区域更加安全。

若林业生态区域出现火情，林政资源管理者可采用监控装置进行有效监控，一旦发现火情，该监控装置能够立即发出警报，管理人员及时采用相应的措施进行灭火。无人机技术的合理运用，可以对林业生态区域进行全面巡查，防止违法违规行为的出现，保证林政资源管理质量与效率得到双重提升。在一些重点的林业保护区域，管理人员可以安装红外感应装置，该装置能够感应到大型动物的接近，并及时发出警报信号，将大型动物驱赶，显著提升林业生态建设水平。

由于社会经济的飞速发展与不断进步，各种类型的建设项目越来越多，使得森林资源保护和开发之间的矛盾越来越大，为了保证林政资源管理质量，要求相关部门妥善处理两者之间的矛盾。针对我国当前森林资源管理中存在的问题，对既有的林政管理机制进行大力完善，真正达到提高林业生态建设水平的目标。对于政府相关部门来讲，要根据生态林业建设和林政资源管理体系的实施情况，给予良好的政策支持，提高林政资源管理水平的

同时，保证生态林业建设工作成功进行。林政资源管理部门还要构建专业的执法队伍，提高林政资源管理人员的专业技能。

加大资金投入力度，提高林业生态建设和林政资源管理质量。

通过对林政资源管理思路进行创新，可以保证林政资源管理机制得到全面的落实，进而提高生态林业建设质量。政府有关部门要林政资源管理工作有一个清晰的认知，并将林业资源分为多个类别，有针对性地进行管理，林业资源主要分为可再生树木、商品树木。不可再生树木与公益林等等，保证林业资源得到高效利用。对于林政资源管理人员来说，要有效转变自身的管理思路，由原来的静态管理理念变为动态管理理念，并结合现阶段林业资源管理工作中遇到的难题，制定出合理的管理方案，一旦林业资源出现变化，管理人员要改进既有的管理方法。

林业生态建设与林政资源管理人员要具备良好的专业素质，进而保证林政资源管理工作有序进行。所以，国家有关部门要根据林政资源管理者的实际工作情况，进行科学培训，并定期组织相应的培训活动，让林政资源管理人员更好的认识到自身工作重要性。林政资源管理部门还要制定合理的奖励政策，提高管理人员的工作积极性。为了保证林政资源管理机制的重要作用得到更好发挥，要求管理人员全身心地投入到日常管理工作之中，找到林政资源管理工作中遇到的问题，制定出有效的解决措施。

林政资源管理人员要运用先进的网络信息技术与遥感技术，对林政资源进行科学管理，并制定出合理的决策，适当加大行政审批力度。政府相关部门还要适当扩大林政资源投资渠道，给予林政资源管理工作良好的资金支持，保证各项先进的林政资源管理设备得到高效运用。通过适当加大资金投入力度，林政资源管理部门可引进新型的管理设备，并加强林政资源动态管理力度，认真而全面地落实林政资源管理措施，在提高生态林业建设质量的同时，为广大居民提供一个优美、温馨的生活环境。

综上，通过对强化林业生态建设与林政资源管理水平的有效措施进行有效化的分析，例如强化林业生态建设与林政资源管理水平的有效措施、完善林政资源管理体系，保证林业生态建设水平得到显著提升、加大资金投入力度，提高林业生态建设和林政资源管理质量等等，可以保证林业生态建设质量得到显著提高，提升林政资源管理效率。

第二节　林业生态建设与林业产业发展

随着我国经济的不断发展，人们对木材的需求在逐渐地增加，那么就需要林业也不断提供其大量的木材，而针对林业这一生长的特点，其砍伐的速度要远远大于其自身增长的速度，因此就会造成生态环境的破坏。那么要解决这一问题，就需要不断地丰富我国的林业资源，加大生态建设的力度，进而在一定程度上促进了生态环境的平衡。

一、我国林业生态建设的现状

我国是林木产品生产大国，对森林资源的需求非常大，而且随着经济的发展需要，两者相加之下直接造成了对森林资源乱砍滥伐的局面，因此为了实现可持续发展的生态理念，必须发展林业生态环境建设。针对林业生态建设来说，通常涉及技术，管理以及制度等三个方面，其技术方面就是在进行林业生态建设上没有的专项技术，往往最后的建设结果达不到标准要求，其管理方面就表现在对林业生态建设上的不重视，缺乏监管，最主要的是没有设立独立的林建部门，另外还缺乏有力完善的林业生态建设相关的规章制度。其主要原因就是某些地方政府部门只注重林业生产所带来的经济效益以及能够获得的政绩，从而导致林业生态建设受到多方面的限制，主要包括资金，环境以及人力资源等，现在许多地方由于对林业资源过度的采伐，导致生态环境遭到很大的破坏，几乎变成了一个"死地"；从另一个角度来看，也很难吸引到资金来此投资，相应的也就阻碍了当地人民的经济发展，另外在管理上一些地方政府官员完全没有按照规章制度办事，只是凭借自己多年的"经验"，在处理某些问题时难免会出现纰漏，总之我国的林业生态建设的效果很不理想，对林业生产发展也产生了很深远的影响。

二、林业生态建设与林业产业发展的关系

林业生态建设与林业产业发展之间既存在一定的矛盾，进行相互的制约，但是在另一种程度上又是相互促进的，因此在进行林业的建设中，应该充分利用两者之间的关系，将生态效益与经济效益有机地结合起来，进而起到统筹兼顾的目的。林业生态建设与林业产业发展的具体关系主要体现在以下几个方面。

林业生态建设与林业产业发展之间具有依存和相互促进的关系。对于林业生态建设与林业产业发展来讲，二者之间共同的主体都是森林资源，如果林业产业想得到更好的发展，那么其前提就是有十分丰富的森林资源，而对于林业生态建设来讲，其主要目的就是促进森林中植被的绿化的覆盖范围，因此两者之间最终的目的可以说是大致相同的，相互依存的。除此之外，林业生态建设与林业产业的发展之间又是起着相互促进的目的的，首先如果我国的森林资源遭到破坏，那么就会随之引来各种问题和灾害，如水土流失、土地沙漠化等，进而使生态环境遭到严重的破坏，那么由于森林的减少，就会使林业的发展失去其发展的基础，进而给林业发展带来十分不利的影响。那么，如果人类在进行林业产业的开发时能够树立林业生态建设的意识，对林业资源进行有效的防护和补偿，在促进林业生态建设的同时，也为林业的可持续发展奠定了一定的基础，进而也会为林业发展带来更大的利益。其次，林业的发展对林业生态建设也具有一定的促进作用，因为林业是以森林资源为前提的，如果林业资源发展得较好，那么就证明了其相应的植被保护得很好，进而在一定程度上也促进了林业生态的建设。

林业生态建设与林业产业发展之间也存在着一定的矛盾。对于林业产业来讲，其更加注重的是所带来的经济效益，而对于生态保护并没有放在很重要的位置，而对于林业生态建设来讲，其主要是基于保护生态环境，建立良好的绿色植被为主要目的，主要强调的是生态效益和社会效益。而对于森林资源来讲，林业生态建设与林业产业发展所各自追求的目的是相互矛盾的，如果想追求经济效益，那么必然会造成一定程度上的生态破坏，而如果想追求生态效益和社会效益，就会要求将对森林资源的开发降低到最小，那么就不会满足林业产业的快速发展，因此两者之间具有本质上的区别。在获取利益的主体上来看。林业产业中，所获得的利益是直接的、可见的，由相关的劳动者可以直接获得其经济效益，而对于林业生态建设来讲，其本身是一个十分长久的、不断积累的过程，其所带来的利益是很长远的和潜在的，因此其相关的劳动者是不能够直接获得与感觉出来的。

三、推动林业产业与生态建设和谐发展的建议

加大林业科技的推广力度。科技是可持续发展发展的根本，通过科技才能发展林业产业。因此，林业生产要倡导"科技兴林"理念，改变以往以自然资源及环境为代价的传统粗放式经济发展模式，建立以科技为核心、市场为导向、企业为主体、效益为目的的林业科技创新体系，借助科学的管理模式提高生产效率，促进林业的可持续发展。如"数字林业"的开发与运行就是其中有效的途径之一，借助先进的科技信息系统，使得林业的生产经营更加公开、透明、科学、精确，同时通过数据的科学采录与分析，有效避免了不必要的损失，也更直观地分析了林木的生产态势，促进有助于林业生产的现代化发展。

深化林业产权制度的改革。林业产权制度是林业生产关系的核心，是各项林业政策的基石。经过数十年的发展，我国逐渐完善了林业产权制度，但林业产权制度仍旧不够科学规范。因此，在确保国家和集体的所有权不改变的前提下，应准确把握制度改革试点的机会，适时推进林业产权制度改革，分离林地或宜林地的所有权与使用权，将使用权分配给一些更善于经营的主体，建立起投资者、经营者、管理者多元化，责权利相统一的新机制。同时，给予林权人合法权益，并发放林权证，使得林权人发挥主人翁地位作用，从而调动护林造林的积极性，为林业制度改革提供助力。

综上所述，我国的森林资源对人们生活的影响真的是非常的巨大，其在一定程度上决定着生活用水的质量，且会影响到社会的经济发展，一个协调统一的林业区域是非常值得建设的，其所产生的价值也是不可估量的。因此，我国的生态林业发展前景一定时非常广阔的，且会实现林业与社会的可持续发展，让社会效益得到极大的改善。

四、促进林业生态建设与林业产业发展应该具备的正确观念

贯彻落实以人为本发展观。在林业生产发展过程中，要有针对性地结合生态和自然条件，进一步有效增加资源，改善生态环境，从根本上满足全社会人们对于物质、文化、生

产等一系列对于林业生产的内在需求。密切关注在林业生产过程中，从根本上解决当地林农生产经营权上的收入问题和与之息息相关的切身利益。有效拓展广大林业干部和基层职工的收入来源，改善其生活质量，让他们的收入有所提高，进一步优化和完善林区生产和生活条件。

张掖地区自然生态条件相对艰苦，林场建设条件有限，针对这种情况，需要切实解决贫困林场、森工企业和自然保护区等相关地区贫困职工的脱贫问题，加强基础设施建设，提升各个地区林业建设质量和水平。使广大林场基层职工都能依靠自身的艰苦奋斗和自力更生，真正意义上步入到小康社会行列。

贯彻落实留给后人生存发展权的道德观。在林业生产发展和生态建设过程中，牢固坚持和贯彻落实给后人生存发展权的道德观，不能为了自身发展，造成资源的枯竭，让后代失去了生存发展的空间。当代人在拥有森林资源和开发资源的同时，也要对森林资源进行切实有效地保护，并在此基础上，进一步生产和发展新的森林资源，为后人生存和发展提供更好的资源基础，打造出更健康的生态环境。

坚持和践行人与自然和谐相处的价值观。为了从根本上有效确保人类能够长久生存和科学发展，就必须进一步突破人与自然相互冲突的模式，最大程度上走向人与自然和谐相处的可持续发展之路。在研发和开拓林业进过程中，不管是在育林、造林，还是在采伐等方面，都要遵守自然规律，坚持适地适树原则，进一步恢复森林植被，最大程度降低农民的损耗，倡导人与自然互相融合、共存共荣。

五、林业经济建设向林业生态建设为主的转变

着重处理好生态建设和木材加工的关系。针对张掖地区来说，要切实有效地处理好木材加工和改善林业生态环境之间的内在联系，准确把握好当前林业发展的主要矛盾。从根本上来讲，当前生态建设和木材加工工业所产生的矛盾，最主要体现在天然林保护方面。天然林资源是当前整个森林资源中对生态建设起最重要作用的关键因素，如果不能切实有效地保护天然林，后果不堪设想。因此，在张掖地区必须要贯彻落实保护天然林政策，把天然林保护作为实现林业快速发展的重要工程。

针对这样的情况，在木材加工产业中，需要切实有效地充分利用人工林木材，提高人工林木料加工生产效率，进一步进行精细化管理，从管理中要效益。对于木材加工工业，要以天然林保护为前提，以这个前提为基准，在高效利用人工林木材上取得重大突破，实现木材工业由原材料从天然林获取到人工林获取的战略转变。

在具体林业发展过程中，针对采伐天然林为主的发展方式，逐渐转变为以生态建设为主，以采伐人工林方式为主，真正满足社会各个方面对于林业产品的内在需求，有效改善生态环境，保障国土生态安全。

切实有效发展林果产业。甘肃张掖市在林业发展过程中，正出现一个历史性的转变，

即以林业生产为主进一步转变成以生态建设为主，大力打造林木和林果产业，形成一个可持续发展的产业链结构。在发展社会主义市场经济的前提下，使林业生产方式转变成以生态建设为主，积极适应市场变化和当前市场环境。有针对性地找准林果产业市场定位，这样才是一条真正意义上的可持续发展之路，要从根本上推进这样的模式，使其进一步拓展和深化。这就需要在战略步骤方面，有针对性地结合各地区的林果生产需要和生态功能，划分林果生态功能区，利用不同的措施，培育不同类型的林果资源。

沙丘植被梭梭苗下种植肉苁蓉产业。张掖地区的生态建设要有针对性地培育富有当地特色和适合该区域生长的林业资源，结合当地实际情况，在沙丘植被梭梭苗下种植梭梭苗、肉苁蓉等。这类植物主要生于荒漠草原及荒漠区沙质地、砾石地或丘陵地，当前这类植物资源较少，品种稀，且具有药用价值。但近年来大量滥采乱挖，致使野生肉苁蓉资源等濒临枯竭，基本上不具备提供大量商品药材的能力。

为了最大限度上有效满足市场需求，需要切实有效地进行人工种植肉苁蓉试验研究工作，建立肉苁蓉种植基地，逐步进入正常生产期。根据不同市场需求，按照不同职能进行分类种植经营，尽可能用比较少的局部林业资源换取整体经济效益和生态效益。

构建起科学合理生态建设机制。针对性地结合当前的林业生态市场内在需求，进一步推进和拓展生态林业建设资本化和货币化模式，推出更适合市场需求的相关林业资源。在生产和消费林业资源过程中，充分考虑到自然资源和环境的对应关系，计入成本核算体系，进行更合理地投入和产出精算。在产品和服务价格方面，要考虑到环境成本，其中包括相对应的资源开采和获取成本。另外，也包括所谓的当代人占用后代人资源的"用户成本"。最大限度上推进林业产业发展，也可在产业发展基础上，不断调整产业结构，使林业生态得到更好地保护和发展，达到提升生态经济效益的目标。

当前对林业发展的生态需求，已成为社会对林业的主要需求，生态建设是当今林业发展的首要任务。在这样的背景下，我国当前林业生态建设现状和存在的问题比较突出。在本节中，有针对性地结合甘肃张掖地区林业产业发展实际，可以看出该地区在林业发展和林业生态建设方面优势十分明显。

以张掖地区为例，着重分析和探究林业生态建设与林业产业发展路径，进一步深入细致地在认识森林生态系统及其内在运动规律过程中，切实有效地运用相关技术手段，从根本上优化和完善该地区森林资源，有效促进林业发展和林业生态建设的有机融合，进一步有效转化森林潜在生产力，使其成为现实生产力，让人与自然和谐相处，实现生态效益、经济效益和社会效益的多赢局面。

第三节　林业生态建设中的树种选择

林业生态工程建设不仅能满足可持续发展的要求，而且能够提升社会效益、经济效益及生态效益，是改善生态环境的重要内容。因此在经济建设过程中应兼顾林业生态的建设工作，提升其利用价值。文章针对林业生态建设中树种的选择进行重点探讨，并对提高造林质量提出了几点建议，从林业建设的基础方面入手解决实际树种选择及栽培中的问题，以促进林业生态建设的顺利开展。

在林业生态建设中，树种选择和栽植技术对林业建设质量具有直接影响。只有保证树种选择合理，适应林区生长条件才能保证树种长势完好，同时，树种之间的合理搭配对营造良好的森林生态环境具有重要意义。森林生态建设需要同时满足物种多样性和空间环境的需求，为此，在进行林业建设时，对树种的选择需要给予足够的重视。文中就围绕林业生态建设的相关问题展开分析，对林业生态建设中的树种选择问题进行探讨，希望从根本上提高林业生态建设的质量。

一、林业生态所具有的生态意义

水土流失会引发干旱、沙尘暴和洪涝等自然灾害，对生存环境带来严重影响。要想达到改善生态环境，就必须开展退耕还林活动，营造良好的林业生态环境，增加森林覆盖率，从根本上减少水土流失发生的概率。林业生态的建设还可以在一定程度上起到调整农村产业结构的重要作用，改变农业原有的运行模式。同时，林业产业的大力发展还可以为社会生产活动提供充足的能源，农民参与到林业生产活动中，不仅能够增加一定的经济收入，还能有效提升地方经济的发展进程。在林业建设活动不断深入的基础上，农民的主要收入来源不再局限于农业生产，还可以通过林业建设的有效开展收获部分干果和牧草，这对加工行业的发展也提供了一定的原料支持。

二、林业生态建设中树种选择的原则

根据土地选择树木和根据树木选择土地。在土壤和树种没有特定要求的情况下，既可以根据土壤条件和气候环境选择合适的树种，又可以根据林业生产的实际需求选择适当的区域来进行造林。主要目的就是让树种与土地相适应，进而保证树木的健康生长，确保森林生态环境的有效构建；林业建设中在对树种具有一定要求的情况下，可以通过改地适树的方式进行造林，既根据特定树种的生长特性，对栽植区域的土壤进行人为干预，通过换土或者施肥的方式进行土壤改良，确保经过处理之后的土壤能够适应树种的生长要求，提供树种发育所需的营养成分；而在特定的区域需要进行树种栽植时，在树种与土壤条件不相适应的情况下，也可以采用人工干预的方式对树种进行改良，以便于适合栽植区域的环境，从而保证树木的健康生长。

乔灌草相结合原则。林业生态建设除了要关注树种的多样性之外，还需要保证生物多样性，即动物和昆虫多样性，这对于维系生态系统平衡具有重要的意义。为此，在进行树种选择时，需要根据树种的实际生长特性，做好树种的配置，确保树种之间能够起到促进生长的作用，同时，还能为动物和昆虫营造良好的生存环境，以便于达到林业生态物种多样性的需求。在林业生态建设的过程中，最常采用的树种搭配方式为乔灌草相结合的方式，这些树种的合理搭配不仅有层次感，而且还能在一定程度上提升森林的光照和通风性能，同时，树种的合理布局，还能保证每个树种都能获得充足的生长空间。森林中，草本植物的大量覆盖既能降低水土流失的概率，又能起到改善生态环境的作用，对降低空气污染和环境污染具有积极的作用。

三、林业生态建设中树种的科学选择策略

加强对地区气候环境条件的分析。林业生态建设中树种选择除了要考虑土壤条件之外，还需要考虑到区域内的气候环境，不同树种的生长特性不同，自身生长所适应的气候环境也存在一定的差异。在开展林业生态建设之前，需要先对造林区域的土壤条件和气候环境进行充分了解，之后制订对应的树种选择计划。树种选择的主要操作方式为，在对栽植区域的土壤成分进行全面检测之后，对以往的气候变化情况进行分析，为了保证分析数据的准确性可以寻求气象部门的帮助。对林区的光照情况、温度、降水分布情况以及土壤成分等资料进行全面了解之后，选择适应当地气候环境和条件的树种，只有这样才能保证树种的长势。树种选择的科学性与林业生态建设的质量是相互关联的，为此，相关人员需要对树种选择环节给予足够的重视，保证林业生态建设的有序开展。

要注意生态效益与经济效益的协调。首先要考虑生态，对经济林进行相应的规划，针对经济林树种来进行林业建设，找出合适的种植方式，使林业的经济和生态效益都能得到有效发挥。可以应用以下模式，林草穿插种植、林花穿插种植、先密种再疏种等。此外，为避免林业生态建设过程中因盲目追求经济效益而不合理选种种植，造成生态影响的情况发生，林业部门也应充分发挥自身作用，做好林业建设中生态效益与经济效益的协调，保证林业生态建设的顺利进行。

合理进行商品林树种的选择。应确保所选树种具有相应的稳定性，要能够有效抵抗地区间歇性的自然灾害，要实现相应的稳定性这一目标，可通过对不同立地条件下树种的立地指数与平均材积生长量两项指标的分析，来作为合理选种的依据，例如在相对干旱的地区，可选取抗旱性能较好、速生丰产、抗逆性强的一些杨树品种如赤峰杨、小黑杨、哲林4号杨等，并可适当进行混交造林，发挥不同树种的优势特点，提高用材林的经济与生态价值。

四、提升林业生态建设造林质量的途径

林业生态造林的松土除草。松土工作需要对地表板结土壤进行处理，从而提升土壤表层面的通气性。松土工作贯穿在造林各个环节中，在造林初期应配合幼林的管理工作，针对不同的树种及季节气候特点进行松土，以满足树种对土壤的需求。再有就是需要对林间杂草进行及时清除，这项工作需要结合杂草的生长规律，在不破坏幼树生长的情况下，选择合适的时期进行杂草清除工作，从而保证树种的养分需求。

林业生态造林的苗木灌溉。一般情况下树种苗木灌溉工作需要在栽植完成后立即进行，而且需要保证灌溉到土壤深层。后续的苗木管理还应结合当地气候做好抗旱准备，抗旱灌溉需要根据干旱特点、土壤特点及树龄大小采取针对性的措施，以便适应各种树种生长所需。对于冬季的灌溉应当结合除草及修剪工作，使苗木生长地土壤水分维持在成长范围，并提升苗木抗冻及抗低温的能力。

林业生态工程的造林整地。造林整地工作首先应进行林地的坡度改造，合理的坡度能够提升栽培效果并减少水土流失。其次需要保证土地的地面平整，没有大块的碎石及硬结的土块，保证土壤疏松。最后应结合当地的物种情况，尽量保留原生植被，满足物种的多样性需求，从而促进生态林的建设。

在环境问题越来越突出的情况下，林业生态建设的重要性也越来越明显，在对环境问题进行全面分析之后可以发现，对环境问题带来严重影响的主要因素为森林覆盖率大量降低，引发严重的水土流失问题。由此可见，林业生态建设的重要性。为了保证林业生态建设的顺利开展，需要保证对栽植树种的科学选择，只有保证树种与栽植区域的土壤条件和气候环境相适应才能保证树木的健康生长，进而营造良好的生态环境。

第四节　林业生态建设绿色保障研究

近年来，环境污染、生态环境破坏问题日益严重。在这种情况下，国家提高了环境保护意识，加快了林业生态建设步伐。对林业生态建设提出了针对性的具体决策，推动林业生态建设的积极发展，为建设广泛的绿色屏障提供帮助。

通过大量分析林业生态建设方面的内容，应首先明白生态建设是何意。在原有的被破坏的生态系统中，需要对此进行修复乃至重新建设，或者依据生态学原理，人为设计并建立富有人文特色的新生态系统。在此过程中重要的一条是利用自然规律中关于完全生态系统的部分，有力结合自然和个人，致力于和谐统一、高效率目标的完成，环境、社会效益和经济方面也要全面发展。通过分析林业生态建设发展过程中得出结论有：预期标准中的建设工作的落实还未达到，实现林业生态建设目标也未完成。针对现有林业生态建设的情

况，相关部门专业分析了一系列建设问题，提出问题的解决方案，加快林业生态建设方面水平和提高林业生态建设的发展。

一、林业生态空间合理分配

在林业生态建设阶段，林业生态建设并非种植大量树木，倘若以为种植树木等同于林业生态建设，此类想法极其片面且非常不合理。正确的做法是行动方面的落实，所以若想将林业生态建设工作顺利完成，要在整个过程中思想端正，从而将林业空间合理利用。林业生态建设进行阶段，林业植被结构和生物的多样性需要被注意，从而使种植林业树木的数量大幅增加，与此同时做到种植种类方面的丰富，不浪费土地，使土地资源合理利用。同时，在进行林业生态建设期间，还应该注重因地制宜，结合当地区域位置、水资源情况等进行林业生态建设。在这样的情况下，才能确保林业生态建设的合理性，保证林业建设工作能够发挥真正的作用。

二、适当提高林业生态建设资金投入

林业生态建设作为一项非常庞大的工程，在开展建设工作阶段，需要大量资金，所以只能在保证后续资金充裕的情况下，才能促进林业生态建设工作的完成。为确保充足的资金，在建设工作阶段中应该加大资金投入的比例。

三、加速改革林业分类经营速度

在开展林业生态建设工作阶段，林业分类加速经营改革极其重要。经由类别差异可将林业分为公益林和商品林，从而加快分类治理工作的完成。在管理公益林阶段，林业补助需有效适当提高，在"十二五"阶段中，我国补助公益林提高到了每年 300 元 /hm^2 以上。在此基础上，补助应依据土地类型进行，从而顺利接轨当地林业土地租金收入以及产权的补偿。在管理相关商业林的期间，理应利用具有抚育性的采伐管理政策。换言之，在进行砍伐林木阶段，严禁对树木毫无目的随意砍伐，如若大量树木被一次性砍伐，新树苗与初育树苗衔接不畅的情形就会时常出现。根据此现象，在砍伐树木阶段中，应严格控制数目数量，以基本经济收益为基础保证尽可能砍伐少量树木。与此同时，在每棵树木被砍伐过后，新的一棵树苗需要被及时种植，通过此种方法尽可能来实现林业层面的可持续发展，确保林业生态建设长期有效。

四、"三防"体系中，严格注意预防虫害，预防火灾，谨防违法

在构建防火体系阶段，要将预防火灾的责任时刻牢记，将林业防火管理机制严格完善。同一时间，高素质的防火小队也应及时组建，倘若树林里发生火灾，就有能力及时扑灭，

同时能够落实到该火灾事件主要相关责任人员，并且承担该事件应当承担的责任。在构建预防病虫害体系阶段，尽早发现、尽早预防治理的原则必须长期坚持，改变遇灾才救的类似被动救灾行动，人为主动操控，并且要使预防全方位开展，通过此类方法减少病虫害在林业生态建设过程中造成的危害。在建设林业生态阶段，或许林业资源会被一些违法分子毁坏，在这类情形下，应严厉惩罚对林业资源进行浪费的违法分子，同时在监管防治森林上，要组织工作人员进行工作，惩罚所有破坏林业资源的违法分子，绝不姑息原谅，通过此种办法尽全力确保林业资源的安全性。而且在开展林业生态建设工作阶段，被一些外部因素影响时，在考虑自然天气的前提下，严格构建林业"三防"，这是一项至关重要的因素。

　　总之，在我国发展阶段，林业生态在建设方面应选取系列有效的措施来建设林业生态，这样可以及时解决建设中存在的诸多困难，进而使建设林业生态的质量得以维护，保护国家生态环境安然顺利进行。

第五节　林业生态建设中农民的主体性

　　指出了在农村发展中林业生态建设具有举足轻重的地位，但实际中农民主体性在林业生态建设中没有得到充分重视，这对于具体建设活动中农民积极性、主动性发挥是很不利的，也会在很大程度上影响林业生态建设成效。基于此，提出了在林业生态建设中，应对农民主体性形成充分认识，采取有效措施充分发挥其主体性，为林业生态建设提供保障。

　　在推动生产力进步过程中，农民群众的积极性和活跃性是其他主体无法比拟的。为推动社会主义新农村建设的顺利开展，应将农村群体主体作用充分激发出来。具体林业生态建设中，应当对农民的重要性形成深刻认识，并将农民作为建设活动的主角，让农民在林业生态建设决策中充分发挥自身的智慧。对于国家整体林业生态建设，充分培养和发挥农民主体性具有重要意义。为调动农民的创造性和积极性，应对农民的意愿和需求进行深入分析和研究，以期健康、持续推动林业生态建设。

一、农民主体性研究现状

　　主体性内涵。人要想确立自身主体地位，就需要从现实中认识世界和改造世界。多数学者定义农民主体性为：为满足自身需求，基于自身主体地位，有意识地进行生产活动，并分享相应劳动成果。同时在社会事务管理和生产活动中以主人公身份积极参与，以平等享受经济、社会、文化、政治权利。与活动客体特征不同，人的主体性指的是人们对对象化活动和关系进行科学处理，其具有更加明显的创造性、自主性、自为性。

　　现阶段农民主体性的特征。前主体性、主体性、趋于共同性是农民主体性发展会经历的几个方面，当前我国农民主要处于主体性阶段。农民主体性缺失的问题在我国广泛存在，农民缺乏强烈的政治承担意识、主体意识、文化自觉意识，经济参与意识不强，这些都会影响林业生态建设的有序开展。

农民自主性缺失。具有较强主体性的农民通常能够按照自身意愿和需求，对劳动对象进行自主支配，并进行劳动方式的规划和选择，自主安排劳动生产活动，自主进行自我管理。但在民族心理层面，我国古代内省型价值取向和思维方式，对国民主体性张扬产生严重束缚。在封建思想的影响下，一种深层文化价值在农民群体中形成强大而沉重的日常生活结构。农民组织生活和生产活动的依据完全是传统、生活习惯、社会经验等，封闭性、自在性、非历史性、自然性在活动主体中非常浓厚。在处于承受和被动顺从、缺乏主体地位的情况下，农村难以形成正常形态的政治生活，对于重大事件的知情权、决策权、参与权农民也无法真正享受。

农民自为性缺失。具有自为性农民在林业生态建设过程中目的性、科学性更强，从林业生态建设客观规律出发，在行动中充分贯穿自主意识，并从自身发展需要和能力出发，推动林业生态建设中自身价值的实现。作为林业生态建设的主体，农民的智慧和力量是无穷的，但由于发挥主体能力平台的缺失，无法深刻思考关乎自身长远利益的基础设施建设的投资投劳，存在严重的群体意识，难以形成强烈的客体的改造动力和实践能力，也无法充分解放自身思想。

农民创造性缺失。具有主体创造性的农民可将自身的创业意识、创造性劳动、创新精神充分融入林业生态建设中，并不断实现自身价值和社会价值。当前对于林业生态建设的重要意义，很多农民还没有形成深刻认识，完全有政府部门主导相关行动，在林业生态建设中无法有效实现自身的需求和意愿，这在很大程度上抑制了农民的创造性和激情的释放。

二、农民主体性缺失的原因

历史原因。首先，农民主体性形成过程中受到传统生产模式的阻碍，自然经济条件下人们多具有以平均主义为基础的自给自足观念；而狭小规模的自然经济让人们难以形成较高水平的认识，进而使人们思维具有直观性、经验性、不系统性特征。其次，我国传统文化是在自给自足小农经济基础上发展起来的，而小农经济具有轻利益重义理、宗族至上的特点，这种传统家族本节宗法思想对我国农民的影响是非常深刻的。我国农民以家族形式从事各项行为，其缺乏培养自身主体性的意识。同时农民在社会发展过程中，作为一个"理性人"经常出现搭便车的现象。再次，农民主体地位被传统政治制度无情剥夺，造成其主体性被囚禁。

现实原因：

认识方面的因素。农民主体地位在林业生态建设中没有得到充分尊重，地方决策者没有充分保障农民的知情权、决策权及参与权，对他们缺乏信任。同时，农民没有充分认识到自身主体地位，对于他们来说政府是林业生态建设的责任主体，知情权、决策权、参与权就慢慢放弃，存在"等、靠、要"思想。

经济障碍。我国农村经济相对落后，农民在社会、知识、资金等方面对外界依赖性较强，农民主体性形成受到经济的严重制约。只有林业生态建设真正给农民带去实惠，才能够将其积极性充分激发出来，其主体性才能够实现。

体制障碍。土地、教育、户籍、社保等制度，对农民能动性、自主性、创造性产生严重打击，并且也使农民合法权益受到损害。户籍管理制度城乡分割，公共服务制度差异明显、社会教育制度不平等，社会公平原因和国民待遇原则无法体现出来。当前农民教育事业发展缓慢，我国多数农民没有接受过较高水平教育，普遍为小学、初中文化，这对于新技术、新知识、新思想的学习是不利的，对于农民整体素质提升也造成了阻碍。我国农民文化水平不高，这种情况下其自身主体性在林业生态建设中难以充分发挥出来。

三、农民主体性构建

更新观念，解放思想。实际中要改善民生，就要将农民主体性充分发挥出来，对农民思想进行不断更新，释放被束缚已久的主体性。林业生态建设的直接受益人是农民，相对于其他人，他们更加愿意对涉及自身的现实利益和长远利益进行全面权衡，并在此基础上进行合理判断，使自身利益得到满足。如果没有农民积极、主动、创造性参与，那么在林业生态建设中再多扶持、再好政策也难以获得理想效果。首先政府部门对于农民的意愿要充分尊重，引导和鼓励农民对各种合作经济组织进行构建，促进农民参与林业生态建设的力度和组织化程度提升，为林业生态建设有序开展提供保障。

优化社会管理体制。需进一步推动农民个体土地管理改革和教育平等，为农村公共服务创建完善的体制，同时确保社会保障机制的科学性、可操作性。推动农民产权自主、资源合理分配的实现，积极组织和培训自治主治，为农民发挥出现主体性提供组织保障。

深化农村生产关系改革。为社会主义公有制为主、多种所有制共同发展的生产关系发展创造条件，推动城乡一体化格局更快实现，进一步强化在林业生态建设中农民自身生态文明的发展，并对林业改革进行深化，为林业经济合作组织发展提供必要支持，保证林业生态建设可获得有效的制度保障。

提升农民科技文化素质。农村基础教育对于提升农民综合素质具有重要意义，相关部门应积极推动农村基础教育改革，为提升农民思想素质和科技文化素质提供保障，积极开展林业生态文化建设宣传工作。同时还应当变革传统思维方式，引导农民形成满足时代要求的生态价值观，充分体现出人文关怀。物质形态方面应当对传统生活方式和消费方式进行转变；制度形态上应当进一步建立健全相关法律法规和政策制度，推动人与自然和谐发展。

当前林业生态建设中我国农民主体性还没有充分发挥出来，这对于林业生态建设是不利的。因此，在实践中应积极培养和发挥农民主体性，让农民的智慧、勤劳推动农村发展。

本节对林业生态建设中农民主体性实现问题进行了分析，但仍存在一定局限，希望相关人员强化重视，将林业生态建设中农民作用充分发挥出来，推动林业生态建设的有序开展。

第六节　林业技术推广在生态林业建设中的应用

随着社会经济的快速发展，人类与自然环境之间的矛盾日益突出。为了有效缓解二者之间的矛盾，人们的环境保护意识逐步提升，同时，生态发展理念也在各行各业得到了广泛推广，而生态林业建设就是其中的一项重要举措。与此同时，先进的科学技术在各行各业的生态建设中也发挥着举足轻重的作用。比如，林业技术推广在生态林业建设中的应用，大大地提升了生态林业建设质量。为此，该文对林业技术推广在生态林业建设中的应用进行了探究。望能够促进我国生态林业建设的持续、快速、健康发展。

通过科学合理地运用先进的科学技术，不仅会提高生产力，也会提升整体的生产质量与生产效率。而林业技术推广对于林业建设来说，也起着至关重要的作用。对于生态林业建设来说，通过推广林业技术，加快了生态林业的建设进度，同时也提高了生态林业的建设质量。而对于林业技术推广来说，通过将其运用到生态林业建设中，不断检验着林业技术的先进性，并推动其适时地进行更新。以下内容对林业技术推广在生态林业建设中的意义、存在的问题以及解决措施3个方面进行了分析。

一、林业技术推广在生态林业建设中的意义

将林业科技成果转化为先进生产力，加快生态林业建设进度。社会经济的快速发展，使得人类与自然之间的矛盾日益突出，比如当下常见的环境问题，如水土流失、土地沙漠化等现象，严重阻碍了社会经济地可持续性发展。为了有效地改善此类现状，我国在这些地区大力地开展了生态林建设事业。然而，由于我国地域辽阔，各个地方的具体情况有所不同，因此，所使用的生态林业建设方案也会有所不同。这为我国的生态林业建设事业带来了诸多挑战。在生态林业建设过程中，有些许的林业技术在被研制出来之后，由于在转化使用的过程中遇到问题，无法被应用到生态林业建设中，进而使得林业科技成果的转化率偏低。而随着林业技术推广在生态林业建设中的应用，使得诸多的科研成果有机会被运用到生态林业建设中，提高了林业科技成果的转化率，进而将其转化为先进生产力，并加快生态林业建设。科研成果在具体的使用过程中，需要根据不同的生态林业建设需求，来不断地做出调整，并使其自身不断地进行完善。

提升生态林业的建设质量。林业技术推广在生态林业建设中的应用，大大改善了水土流失、土地沙化等环境问题，进而有效地提高了生态林业建设质量，并为我国社会经济的可持续性发展打下了良好的基础。同时，林业技术在应用的过程中，会贯穿于植树造林整

个过程。在每个环节，都需要相对应的林业技术。而在每个环节科学合理地运用林业技术，将会大大地提升苗木的存活率，并促进林木的健康成长，进而最终提升生态林业建设的整体质量。

二、林业技术推广在生态林业建设中存在的问题

林业技术推广缺乏足够的资金支持。林业技术推广的顺利开展，离不开充足的资金支持。而恰恰由于资金投入欠缺，使得林业技术推广工作阻碍重重。从当下的林业技术推广现状来看，我国相关政府部门给予林业建设的资金投入力度不大，导致林业技术推广因资金欠缺无法进行创新性推广。另外，由于资金不足，使得林业技术的研究经费紧缺，并影响到林业技术研究质量，阻碍到生态林业建设的顺利开展。

林业技术推广无法与现实农业生产紧密衔接。林业技术推广工作的顺利开展离不开政府部门的积极推动。同时，也需要国家制定出相应的政策来加强生态环境的保护力度，进而促进生态环境的平衡发展。若将林业技术推广应用到环境保护中，将会直接促进生产技术的提高，并给生产技术的具体应用带来积极的影响。然而，现实中，林业技术推广无法与现实农业生产紧密衔接，进而影响到林业技术的推广与应用。

林业技术推广人员的专业素养有待进一步提高。我国当下基层的林业部门工作人员人数不足，且现有工作人员的专业素养有待进一步提升。尽管现有的工作人员具备了较为丰富的工作经验，但是却缺少完备的理论指导，且知识储备结构较为单一，使其无法从多角度来分析林业技术推广。同时，通过其自身的力量来完成林业技术的创新与发展也会显得力不从心，进而影响到林业技术的推广速度。因此，进一步提高林业技术推广人员的专业素养就显得尤为重要。

三、林业技术推广在生态林业建设中的应用

给予林业技术推广足够的资金支持，并不断促进林业技术创新。政府等相关部门要给予生态林业建设中林业技术推广足够的重视，并不断地扩充林业技术推广资金支持，并为林业技术创新打下坚实的物质基础。在林业技术创新过程中，科研人员要充分地结合当地的生产效益、当地的具体情况来展开创新工作，进而提升创新林业技术的适用性。

实现林业技术推广服务模式的多样性。生态林业建设工作地顺利开展，离不开完备的设备支持，如林业资源库、建设处数据库的相关信息技术平台等。为了方便工作人员及时地了解林业技术推广在生态林业建设中的信息变化，就需要这些技术设备定期地将林业技术的应用情况载入其中，进而为生态林业建设林业技术推广工作打下坚实的基础。然而，随着科学技术与生态林业建设工作的不断进行，工作人员也需要不断地丰富林业技术推广服务模式的多样性，比如，通过建立现代化林业示范基地，来获得相关部门的足够重视，并促进生态林业建设持续性发展。

进一步提升林业技术推广工作人员的专业素养水平。首先，作为林业技术推广管理部门，需要建立起完善的林业技术推广工作团队，并通过定期展开培训，来提升林业技术推广工作人员的专业素养水平。其次，要建立完善的人才选聘制度与福利制度，吸引更多高水平的林业技术推广人员加入到现有的工作队伍中。最后，在具体的林业技术推广中，要定期组织林业专业知识培训，让工作人员详细地了解并分析当下的林业技术推广现状，为后续生态林业的建设工作提供有力的数据支持。

提升生态林业建设管理水平。提升生态林业建设管理水平，可以从以下几个方面来展开具体的工作：首先，需要建立健全林业技术推广管理制度，为我国林业技术推广和生态林业建设可持续、快速、健康发展打下坚实的制度基础。其次，促进林业技术推广方式的多样化。通过有效融合多样的林业技术推广方式，促进林业技术快速推广。最后，相关管理部门需要结合当地实际情况，组建出专门的监管部门，进而高效地监管生态林业建设中林业技术推广工作，并促进生态林业建设的顺利进行。

建立健全林业技术推广网络体系。当下生态林业建设中林业技术推广工作的重点与难点多集中在基层。由于基层的工作人员有更多的机会接触林业与农业，因此可以将乡镇作为中心建立科学的林业技术推广网络体系，为林业技术的推广提供强有力的理论指导和队伍支持。同时，生态林业建设地可以结合自身的发展条件，建立完备的推广站，确保林业技术推广的顺利进行。

总之，社会经济的快速发展，加剧了人类与自然环境之间的矛盾。而为了更好地解决此项矛盾，就需要做好生态林业建设。由于林业技术推广在生态林业建设中扮演着重要作用，为此，加强林业技术推广在生态林业建设中的应用探究就显得尤为重要。以上内容对此进行了相应分析。希望可以给相关工作人员带来一定的启示作用。

第七章　林业生态建设技术研究

第一节　生态林业工程建设的办法及创新

新中国成立以来，经济社会迅速发展，森林资源不足和土地荒漠化问题日趋严重，严重阻碍了中国社会经济的健康发展。这些问题的出现迫使我们重新审视生态林业工程建设的重要性。当前形势下，树立正确的环境治理理念，指导人们开发利用自然资源，保护自然环境，并在此基础上构建完备的环境治理制度体系，加大科技创新全面促进生态建设，构建完备的生态林业工程建设制度，加大科技创新全面促进生态林业工程建设，实现社会经济与自然的协调、持续、健康发展，构建美丽中国。所以本节分析了生态林业建设的问题，提出了生态林业工程建设的办法及创新途径。

一、生态林业工程建设存在的问题

林业生态工程粗放管理水平。近年来，生态林业工程建设取得了一定成绩，但是，相对而言，管理水平还比较粗放，与实际要求相差甚远。林业生态工程规划的可行性较差，各级规划只有项目的总体目标，没有分解成具体的环节，没有确定每个环节的技术指标，不能有效地监控生态林业工程建设质量和进度，并提供参考。经济林发展缺乏全面规划和定量控制，在经济利益驱动下，盲目性毁林开荒随处可见。增加经济林面积的趋势是政府没有按照最佳生境和供需平衡来发展经济林。林业生态工程建设责任不清的普遍现象。在区域部门利益的驱动下，生态环境项目建设中的多重管理、责任不清现象更加突出。

整体的生态林业工程处于比较脆弱的状态在实际发展的过程中，虽然森林资源比较丰富，但是，在实际进行经济建设的过程中，其灾害性的天气频率比较大，虽然森林覆盖率在这几年的发展之中呈现逐步上升的趋势，但是受其工业和生活的影响，很多地区污染较大，并不能更好地对相关的树木进行有效的选择和种植人为因素干扰比较大，对于企业生态文明建设具有非常不良的影响。

基础设施建设是比较薄弱。从近几年的发展状况来看，农生态林业工程建设虽然取得了重大的突破，但是其生态文明的基础设施是非常落后的，这在很大程度上给总体经济建设造成了非常大的阻碍。另外，在实际发展的过程中，维护完整的生态网络矛盾非常突出，维护生态系统服务还不到位，恢复自然过程与功能结构非常不平衡，如果不能更好地对其进行改造和扩建，其等级也是比较低的，基础设施非常落后，对于整个生态文明建设工作的有效推进造成了非常大的阻碍。

二、生态林业工程建设的对策

完善生态林业工程建设的合理规划。林业生态工程建设 50 多年来，积累了许多宝贵的经验和教训，在艰苦的实践中，探索和形成了一批成功的工程模型和施工模型进行合理规划，制定出台一系列的具有针对性的方案来完成对生态林业工程建设所有的在开发与保护措施。并且组织相关的专家对生态林业工程建设以及市场进行系统、专业的调研，最后做出可以满足于当地发展的长期规划需求，最后制定出符合全局的高质量、科学合理的生态林业工程建设总规划，再由省政府传达到各个下级市、下级县，对其进行引导，从而配合全省的生态林业工程建设开发工作。

创新施工机制，组建专业施工队伍。生态林业工程建设是一项成本巨大的系统工程。引进专业的技术人才加快发展。在发展经济的同时需要有目光更加长远、其专业性与实用性一定要极为完善。组建专业施工队伍有三种形式：第一，义务兵的方式。国家可以考虑成立生态林业工程建设兵团，主要承担国家大型 " 一还三还 " 工程建设；二是县乡专业队伍，吸收农村富余劳动力组建专业队伍。承担地方大型生态工程建设，加快生态林业工程建设。第三，依托国有林场，以企业的形式，吸引当地居民组建股份公司。恰当正确的使用专业施工队伍，可以使整个生态林业工程建设向着良性的趋势发展，同时生态林业工程建设也需要在技术型人才的方向做好把关，在用人和培养人方面做到真正的融为一体，最后使人才发挥其热量，做好人才的规范管理，最大限度地发挥人才的潜能，并且为他们提供必要的工作需要以及生活质量。

构建完备的生态林业工程建设制度。生态林业工程建设制度是环境治理能力的关键变量和核心要素，是国家生态林业工程建设的根本保证。当前中国存在的许多环境治理的顽疾，多是由于制度本身的不完善、不配套、不衔接造成的。随着经济社会的迅速发展，伦理道德理念和道德教育在某些方面对技术活动失去了约束力。很多企业与个人在经常面临着德与利的相互冲突、难以兼顾的困难抉择。缺乏以完备的制度作为他律来对人膨胀的私欲进行约束，就容易导致因缺乏公德意识而造成的私欲的膨胀。因而我们需要通过构建系统完备、科学规范、运行高效的制度体系，加大环境立法和查处违法的力度，增加污染环境的犯罪成本。完善奖惩制度，在积极的应用科学技术寻求解决途径的同时，也应当把目光转向意识形态的领域，不能头痛医头、脚痛医脚，而是要树立整体思维，注意措施的综合性、系统性和协调性，形成多元交互共治的良好局面，提升我们环境治理的绩效。

加大科技创新全面促进生态林业工程建设。促进生态林业工程建设的观念创新，制度创新和技术创新是联动的。实现生态林业工程建设发展必须依赖绿色技术，因为科学技术作为调节人与自然关系的中介和实现人的自由全面发展的工具，能够将人从环境制约中解放出来，并调控人与自然之间的物质流能量流和信息流的良性循环，目前绿色技术的发展已成为一种潮流。要积极推进当前的绿色科技，向系统化，集成化，智能化深层次化综合创新转变。

总之，我们可以清晰地认识到，生态林业工程在实际建设的过程中，在很多方面都存在着一些问题，最主要的是表现在生态环境之中。分析生态林业工程建设的办法及创新途径为生态林业工程建设指出方向。

第二节　创新造林绿化机制 推进林业生态建设

随着经济不断发展，社会文明进程的加快，我国将生态文明建设放在突出位置。近年来，林业生态建设调研报告不断推进，各地区政府将实事求是、解放思想、与时俱进作为绿化工作基本出发点，并将造林绿化放在突出位置，同时还将兴业造林作为工作重点。通过实施林业重点工程、创新造林绿化机制，对我国资源进行管护，以此推动造林绿化进程。本节将对如何创新造林绿化机制进行简单概述，希望能够找到推进我国林业生态建设的有效措施。

林业生态建设问题成为当前社会发展的重要问题，想要解决好此类问题首先应当对造林绿化机制进行创新。通过对造林绿化方案的不断改进与创新，找出最适合生态建设发展的有效措施。与此同时，随着城镇化进程不断加快，在造林绿化的同时，尽可能建设森林城市，通过对城市进行绿化，为人们提供一个有利于身心发展的生活环境与工作环境，能够满足人们对生活质量的需求，使得我国生态建设取得更为突出的成绩。

一、创新造林绿化有效机制

加强宣传造势。想要做好造林绿化工作，必须加强宣传造势手段，不断引导全民参与与支持造林活动。比如设置宣传标语、利用广播电台等宣传绿化造林的意义，使得人民群众能够准确意识到绿化造林的重要性，并且能够发挥自身最大能力，积极参与绿化造林工作中，为我国绿化造林做出保障。

开展多项工程：

退耕还林工程。近年来通过试点工作不断实施，我国各地区将退耕还林作为创新绿化机制的首要方法，并且能够对农村经济结构进行调整。在这个过程中将退耕还林作为一项政治任务，检验各级领导班子的实践能力，如果退不下耕地就应当退官退位。目前来看，此方法已经取得明显成效，为我国推进林业生态建设打好坚实基础。

天然林保护工程。天然林作为我国宝贵资源，近年来随着管护工作进一步加强，不断建立森林管护站、树立护林宣传标语、小型固定标志牌以及陪护多名专职护林人员等，目前来看已经完成封山育林上完工勤，为我国多名国有林场职工参与基本养老社会统筹，使得我国天然林资源得以保护，为日后恢复与发展做好准备。

二、利用造林绿化机制推动生态建设发展

完善城镇化健康发展体制机制。为全面建成小康社会，目前面临的最艰巨任务就是在农村地区。全民扩大生态容量、提升生态承载力，最艰巨的任务则是在城镇。所以为了推进城镇化与农村建设，想要实现农村转移人口市民化必须应当进行林草绿量扩增与生态容量不断拓展。在建设过程中应当提高绿化率，营造城市森林片、带、网、园，将森林成为城镇的氧吧与吸尘器，这样能够满足人民生活需求，筑牢城市发展基础，由此提高城镇生态文明的总体水平。

强调简政放权。为推动造林绿化机制不断发展，以此推进林业生态建设有效进行，政府应当深化行政审批制度，保证简政放权顺利实施。简政放权与加强监管应当同步推进，增强政府治理能力，不断提高政府只能，实现服务政府建设目标。通过政府职能的传遍，在工作中应当正确履行林业有害生物审批等职能，正确保留行政审批项目科学化，以此推进林业生态建设有序进行。

建立多元合作政策机制：

投入政策。通过进一步固化与完善造林与森林抚育等中央财政资金补贴，增加补贴规模，扩大对象，提高标准，实现政策普惠化。对新造林进行抚育养护，低育闭林分补直补以及对林区道路进行维护都被纳入财政补贴范围内。在这个过程中应当不断引导与鼓励工商资本对造林、育林提供资金支持。并且应当研究与制定支持林业合作社开展森林经营的税收政策，以此减轻企业与负担。

政策扶持。应当按照生态补偿与自愿有偿使用制度要求，尽可能提高森林补偿标准，推行碳排权交易下的林业碳汇交易，以此建立支持林业碳汇交易有效措施。

推进营林生产市场化。将市场作为导向，不断推进各类林业与企业之间的协调与合作，不断推进林业有害生物防治工作、生物质能源产业发展工作以及森林经营管理工作灯，并且将每个工作保持在专业化与规模化水平中。

第三节　基于创新驱动的生态林业建设

创新驱动是提高生态林业建设水平的现实要求，是促进现代林业发展的实际需要，是加快推进生态文明建设的必然选择。本节以安徽省世行贷款林业综合发展项目创新实践为例，分析了项目的创新动力来源和创新驱动方式，总结了项目的创新内容及取得的成效，

以期为其他林业项目建设提供学习和借鉴的范例。

　　创新驱动是提高生态林业建设水平的现实要求，是促进现代林业发展的实际需要，是加快推进生态文明建设的必然选择。推动现代林业持续健康发展，必须加强林业治理体系创新，加强林业体制机制创新，加强林业科技创新，让创新成为驱动林业发展的新引擎。创新通常是指以现有的思维模式提出有别于常规或常人思路的见解为导向，利用现有的知识和物质，在特定的环境中，本着理想化需要或为满足社会需求，而改进或创造新的事物、方法、元素、路径、环境，并能获得一定有益效果的行为。创新驱动是指依靠创新带来的效益来实现更大、更快、更优的增长和发展。安徽省在实施世行贷款林业综合发展项目中始终坚持创新意识，项目在设计、施工期间，紧紧围绕营造以生态效益为主的多功能森林这条主线，认真分析社会需求和项目要求，积极借鉴和吸收世界森林可持续经营经验和成果，依托项目科技支持组专家的智慧与尊重林业技术人员的创新，发掘项目当地的乡土知识和实际需求。在实践中总结，不断转变传统的林业观念，在项目贷款模式、建设内容、造林模型、技术理念、管理模式、部门协作等方面提出了许多新的方法和措施，并在项目实施中得到了检验。项目在体制机制、管理、技术的创新上取得了显著的成效，在创新驱动林业生态建设上积累了丰富的经验，可为其他林业项目建设提供学习和借鉴的范例。

一、林业综合发展项目基本情况

　　安徽省世行贷款林业综合发展项目于 2008 年年初开始，采取"自下而上、自上而下"的方式，开展项目框架、内容、技术措施的筛选和设计。2009 年年初，在各项目县（市、区）可行性研究报告的基础上，编制完成省级项目可行性研究报告，并获得省发改委批复同意。2010 年年底项目正式启动实施。项目总投资 2.99 亿元，其中世行贷款 2 200 万美元。

　　项目主要内容为新造多功能人工林以及针对现有低效人工林开展生态修复，同时支持提升公共机构服务能力和建设项目监测评价体系。

　　项目主要目标是通过在生态环境脆弱地区造林和生态修复，增加项目地区森林覆盖率，改善森林以生态为主导的多种功能和综合效益，提高森林可持续经营水平，增加森林经营收入，并为其他地区推广具有重要公共产品效益的多功能人工林的可持续经营和管理模式提供示范。

　　截至 2015 年年底，项目基本完成各项既定任务，项目实施取得显著成效。项目营造林质量超过项目设计，一级苗使用率、环保措施合格率、成活率和抚育合格率加权平均分别为 99.2%、99.9%、93.0% 和 99.8%，四项指标均超过项目设计标准 8 ~ 15 个百分点。在世界银行年度检查中，均获得"满意"评价。

二、林业综合发展项目创新动力来源

　　政策背景。1999 年 1 月和 2000 年 12 月，国务院先后颁布了《全国生态环境建设规划》

和《全国生态环境保护纲要》；2003 年 6 月，中共中央、国务院发布了《关于加快林业发展的决定》。这些文件中明确指出：加强生态建设，维护生态安全，是 21 世纪人类面临的共同主题，也是我国经济社会可持续发展的重要基础。全面建设小康社会，加快推进社会主义现代化，必须走生产发展、生活富裕、生态良好的文明发展道路，实现经济发展与人口、资源、环境的协调，实现人与自然的和谐相处。森林是陆地生态系统的主体，林业是一项重要的公益事业和基础产业，承担着生态建设和林产品供给的重要任务，做好林业工作意义十分重大。国家制定的这些规划明确了林业发展的优先重点为控制水土流失、涵养水源、防治荒漠化等，凸显出森林在改善环境状况中的显著地位。林业建设实现从木材生产到改善生态环境的历史性根本转变，以解决严重的环境退化问题。这个转变促使林业的经营目标由单一向多功能转变，对项目的规划和设计提出了创新要求。

社会需求。项目设计之初，我国森林面积约 1.95 亿 hm^2，森林覆盖率 20.36%，与 20世纪 80 年代相比，得到了很大提高。森林提供了全国 40% 的农村能源和大约 2/3 的工业木材消耗，森林还提供了防止水土流失、减少大气污染、增加碳汇、为动植物提供栖息地等重要的环境服务功能。但由于森林资源有限、质量不高、分布不均、森林生态系统稳定性不足、森林资源管理薄弱等导致森林提供环境维护能力有限。中国受水土流失影响的土地总面积约有 367 万 km^2，约为国土面积的 38%，并以惊人的速度不断加剧；全国沙化土地总面积约为 262 万 km^2，并且每年以 2 460 km^2 的速度扩大。安徽省长江流域水土流失面积为 2.63 万 km^2，占安徽总面积的 19%，水土流失地区主要集中在大别山区和皖南山地及江淮丘陵地区。在这些地区，侵蚀面积为总面积的 30% ~ 60%。因侵蚀形成的沉积颗粒包括细沙淤泥、粗砂和砾石从流域地区流入上流水库、支流和中小河流，削弱了河流的泄洪能力，也降低了截留水库的蓄水能力。同时，随着农村劳动力大量进城务工，在林区从事林业的劳动力越来越少，价格也越来越高，人工造林单价大幅度提高。严峻的生态环境保护形势和营造林成本的上涨压力，要求积极提高森林覆盖率，改善森林质量，在坚持生态优先和最大化的原则下，创新造林方式，控制造林成本，积极探索生态、经济和社会效益有机结合，生态与经济相协调的林业可持续发展道路。安徽省自然条件优越，水热资源丰富，许多树种萌蘖能力强，植被自然更新容易，充分利用自然力，通过一定的人为干预，促进目的树种的定向培育，或补植、补造乡土阔叶树种，加快恢复森林生态环境，成为山区生态恢复和培育森林资源的一条重要途径。

项目要求。世界银行资助的中国项目大多以需求为导向。从 20 世纪 90 年代初开始，世行贷款从一开始相对简单地支持国家和集体林场营造人工林发展成为目标更为复杂的项目，涉及减贫、农民参与、提高木材生产、改进人工林和保护区管理、进行生物多样性保护等。林业综合发展项目的主要目标是通过在生态环境脆弱地区造林和生态恢复，增加项目地区森林覆盖率，改善森林以生态为主导的多种功能和综合效益，提高森林可持续经营水平，增加森林经营收入，并为其他地区推广具有重要公共产品效益的多功能人工林的可持续经营和管理模式提供示范。可以看出，与以往其他的世行项目不同，该项目侧重点不仅在于支持政府的森林环境政策，同时还帮助政府实施新的林权制度改革政策，以及对具有重大环境保护功能的森林管理进行示范。项目目标的多样化以及理念的转变，势必要求在项目的组织管理、实施、监测方式等上进行创新，以适应项目提出的新要求。

三、林业综合发展项目创新驱动方式

借鉴和吸收全球森林可持续经营经验和成果。项目规划设计和实施当中，积极借鉴已完工世行项目积累的科技成果和管理经验，如高效的人工林经营模式、技术示范和培训、参与式、报账制、简便可行的监测与评价体系等。同时，依托世行贷款林业项目，扩大林业对外交流与合作，吸收、借鉴全球森林可持续经营经验和成果，积极融入可持续、近自然、多功能等新的森林经营和发展理念。世行方面在项目设计中也积极契合中国的发展需要。在双方商定的林业综合发展项目设计方案中，把项目重点放在为解决中国林业部门目前仍处于落后状态的一些主要问题提供示范上。新项目的主要内容包括更有效地开展森林管理、水土资源保护、为政府的集体林权制度改革提供支持。这些内容完全符合中国政府"十一五""十二五"规划和世行2006年发布的"国别伙伴战略"制定的方向和目标。

依托专家的智慧与尊重林业技术人员的创新。为推动先进的营造林理念、技术与各地实际紧密结合，成功落实到山头地块，根据项目建设内容和要求，省项目办成立了由安徽农业大学、安徽省林科院、黄山学院等高校、科研院所10多位专家组成的项目省级科技培训与推广支持组，制定了项目科技培训与推广支持专家任务书，围绕项目需要，开展了低密度多树种混交造林技术、针叶树种和乡土阔叶树种的混交造林技术、经济树种生态恢复和混交造林技术、现有林生态修复技术、阔叶树育苗技术等的培训、咨询和指导。省项目办依托省级科技培训与推广支持组，以培训班授课、现场授课等形式开展省级培训。各项目县（市、区）林业局也相应成立了科技推广支持组，共吸收300余名林业、社会、环保、财务等方面的技术专家和能手参与到科技培训与推广当中，结合生产实际，向林农和基层林业技术人员传授实用技术。

发掘项目当地的乡土知识以及实际需求。在项目设计和实施当中，各项目县（市、区）按照"参与式磋商"的要求，发放项目宣传材料、召集相关权益人磋商，确保项目区目标群体自愿、平等地参加项目实施，确保目标群体能够参与项目主体选择、模型确定、施工设计、合同签订等项目实施工作的决策制定过程，有效避免或减少项目实施可能带来的社会风险或负面影响。在与利益相关方磋商过程中，积极发挥他们的主观能动性和创造力，吸取他们在树种选择、混交方式、栽培模式、施工合同管理等方面的意见和建议，积极利用项目当地科学合理的已有营造林技术，按照项目要求进行完善提高。详细了解项目主体的实际需求，使项目规划设计"接地气"，使项目规划设计和施工既符合项目要求，又适合营造林主体和当地社会经济发展的实际需要。

四、林业综合发展项目创新内容和成效

制度创新：

（1）创新项目承贷主体，以合同的形式明确参与各方的权利和义务。世行贷款项目通常采取"谁承贷，谁受益，谁还款"的转贷方式。林业综合发展项目建设的优先目标是改善生态环境和保护自然资源，项目的收益主体是广大的人民群众，政府作为广大人民群众的代表，无疑将承担起贷款的承贷和偿还任务。为与项目宗旨和目标一致，项目采取了"政府承贷，林农用款，政府还贷"的转贷方式。各项目县（市、区）均按项目要求结合实际情况，在造林前与项目实体签订造林合同，以合同的形式规范项目参与各方权利和义务。

（2）开创利用贷款开展生态林业建设的先河。从1990年到2009年，安徽省利用世行贷款先后实施了国家造林项目、森林资源发展和保护项目、贫困地区林业发展项目和林业持续发展项目，虽然每期项目建设目标都有所侧重，但主要都是开展人工商品林建设。林业综合发展项目在建设目标和宗旨上进行了创新，首次利用世行贷款，在生态环境脆弱地区营造以生态效益为主导的多功能森林。

（3）创新提出生态修复模式。项目创新提出了现有林生态修复模型，对现有林分树种结构单一、生态功能低下的低效人工针叶纯林和疏林地、灌丛地，由于在经营措施上只注重经济效益、忽视环保措施而造成林地土壤侵蚀严重、生态功能和经济效益低下的荒芜衰败的经济林，以及火烧迹地，遭受严重雪灾、风灾等自然灾害，过度采伐而形成的残次、低效林地或疏林地、灌丛地等。通过抚育保留天然更新幼树和适当补植阔叶树种，形成针阔混交或阔阔混交林分，利用森林生态系统的自我恢复能力，辅以人工措施，使遭到破坏的森林生态系统逐步恢复原貌或向良性方向发展，实现生态系统功能的恢复和合理结构的构建，让原来受到干扰或者损害的系统恢复后能实现可持续发展。

项目创新设计的现有人工林生态修复模型，基于森林演变理论，遵循森林自然发育进程，在深入分析掌握现有林分状况的基础上，施以适度的人为干扰措施，促进现有低质、低效人工林的生态恢复，所采用的修复技术措施和建设内容是过去教科书和生产实践中所没有遇到过的，与2015年4月25日中共中央、国务院发布的《关于加快推进生态文明建设的意见》和十八届五中全会"关于制定国民经济和社会发展第十三个五年规划的建议"中关于生态建设的理念和精神高度契合，完全符合中央生态环境治理的最新方针政策，显示出项目提出的生态修复理念具有很好的前瞻性和科学性。

技术创新。技术进步是推动经济长期稳定增长的核心动力，是促进经济增长方式转变的根本途径。技术创新和技术引进是技术进步的两条主要路径。项目在营造林技术上积极引进和吸收先进的技术理念和措施，营造林技术理念由传统的"密度高、单一树种、商品林、成熟林皆伐"，转变为"低密度、混交林、多功能、可持续"的营造林技术理念，有效地提高了项目的技术水平，为项目的可持续经营奠定了坚实的基础。项目营造林技术理

念从以下几方面进行了创新：

（1）生态效益优先，适当兼顾经济效益。项目目标是改善生态环境，因此在技术上要求造林模型要有益于生态环境的改善，而不能单纯追求经济效益而影响到生态效益，这是项目对造林模型的最重要、最基本的要求。同时，为兼顾林农的经济收益，在立地条件较好的地块，可适当栽植既有生态效益，又具有较好经济效益的树种，为生态林的可持续经营奠定基础。

（2）营造混交林。混交林比纯林具有更高的生态效益，主要表现在混交林可以提高近地表层地被物的覆盖度，提高林分的水土保持效益，且林分的稳定性比纯林高。易发生病虫害的树种通过混交可以控制病虫害的发生，纯林单一养分消耗引起地力衰退的问题通过混交可以改善土壤肥力，防止地力衰退的发生，纯林生长不良可以通过混交来改善树种的生长。项目共选择50多个树种，根据不同立地条件、树种特性、群众意愿等建立了100多个混交模型，有效地提高了项目林的抗逆性与稳定性。

（3）引入改良环境的树种。项目区现有森林退化引起的水土流失等生态问题的原因是地表植被生长不良、土壤裸露面积较大所导致的。在进行林分改造时，选择引入的树种须有助于将来形成稳定的混交林分，各树种的生物学特性互补，确保合理的林分盖度，林下植被丰富，产生稳定的生态效益。

（4）低密度造林，恢复林下植被。通常情况下，高密度造林，整地时破土面积大，对土壤干扰严重，容易引起水土流失，成林后郁闭度大，林下植被稀少。通过降低造林初植密度，充分利用现有林的自然更新和萌条，减少整地破土面积，减少造林阶段的水土流失；改善林内环境条件，特别是光照条件，增加林冠层下植被的覆盖度，增加生物多样性，对地表土壤形成良好的保护层，控制土壤侵蚀，增加林地蓄水能力。

（5）采取生态经营措施。森林培育过程中，要求采用近自然林业的经营标准和方法，做到不炼山、不全面清灌；带状或穴状整地，沿等高线"品"字形配置栽植穴；坡长超过200 m，每隔100 m保留3 m左右宽的原生植被带，25°以上的坡地，实行穴垦；保留阔叶树和山脚、山顶原生植被；适度抚育，不皆伐，一般采用渐伐、择伐的方式，充分利用自然力进行更新；在采伐的过程中注意林地环境的保护，防止对地表植被与土壤的破坏。经济树种要降低经营强度，保护地被物。

管理创新：

（1）创新部门协作管理模式。部门之间有效合作，创新管理模式是项目成功实施的基本保障。各级政府高度重视项目建设，在项目立项、准备以及实施的过程中，各有关部门充分沟通，紧密合作，达成共识；当地群众和农民积极参与，从而保证了项目实施既符合世界银行的发展战略，又适应安徽林业的发展规划，同时尊重了林农的意愿。项目管理以资金、财务和债务为主线，根据项目管理的规则、程序、权限和责任，林业、财政、审计等部门全面参与项目的管理，切实履行自己的职责，对项目资金运行的全过程，实施科学化、精细化管理。各部门通过联合检查指导项目建设、联合加强项目管理培训、联合宣传推广项目经验等做法，确保项目建设进度和质量。

（2）创新财务管理。由于国家投融资体制改革，与以往的世行项目相比，在林业综合发展项目的实施管理过程中，省林业厅和省财政厅的责任更加重大。林、财两家按照"统一领导、归口管理、分工负责、各司其职"的原则，建立健全齐抓共管的工作机制，密切合作，各负其责，通力协作，形成推动项目建设的强大合力。各级林业、财政部门强化大局意识、责任意识和协作意识，增强工作积极性、主动性和创造性，加强沟通、协调，努力为项目的顺利实施创造更好的条件。

（3）创新审计监督。在林业综合发展项目实施过程中，项目主管部门加强与审计部门的协调配合，形成合力，强化项目的监督管理，严格执行有关制度，进一步规范项目建设和管理行为，确保项目资金专款专用，提高项目资金的使用效率，确保项目建设顺利实施，维护政府利用国外贷款的信誉。审计部门为项目的顺利实施和项目资金的专款专用起到保驾护航的作用。

（4）创新示范推广方式。项目以生态建设为主要目标，采取的技术理念先进，引领当前林业发展方向。为使项目各项先进的技术措施能够得到及时的推广应用，辐射更大的范围，提高安徽省整体营造林的技术水平，我们改变了传统的在项目实施结束后进行总结、推广的模式。在项目实施过程中，积极加快总结和示范推广步伐，做到"边实施，边总结，边推广"，通过举办培训班、现场指导、专家咨询等形式，使项目中的先进理念、技术在安徽省千万亩森林增长工等林业重点工程项目中得到推广应用。

（5）创新宣传方式。林业外资项目实施周期长、涉及面广，项目的成功实施不能单靠林业部门自身的力量，必须加大宣传力度，取得地方政府和全社会的支持。各级项目主管部门积极向党委、政府做好项目工作的汇报，使党委、政府充分了解项目实施进度以及存在的困难，及时做出决策和部署。同时积极利用广播、电视、报纸、墙报、宣传牌等传统形式以及网络、QQ群、微信公众号等新媒体，广泛宣传世行林业项目的宗旨、目标和先进实用技术，尤其是生态建设和保护的理念，做到家喻户晓。

世行贷款林业项目在安徽实施近20年中，始终坚持借鉴和引进世界先进的林业发展理念，项目框架设计、技术措施、管理手段等各方面与时俱进，坚持以创新驱动项目实施，始终引领全省林业发展方向。随着国家对林业投资的日益增长，相比较下，世行林业项目投资额度总体不大，但在提升和加强对外合作与交流中，仍要加大利用世行等外资力度，通过实施林业外资项目，在实践中总结成功模式，继续引领安徽现代林业建设，推动安徽林业发展理念、管理方式、技术措施的创新与进步，加快现代林业发展，为全省经济建设和生态文明建设做出新的贡献。

第四节　林业生态文明建设中科技创新支撑作用

　　林业生态文明是我国生态文明建设的核心组成部分，在大力推进林业生态文明建设过程中亟须强化科技创新的支撑作用，驱动林业生态文明繁荣。文章在介绍了林业生态文明与科技创新内涵的基础上，从理论创新、技术创新、系统规划三个层次分析了林业生态文明建设的科技创新支撑基础，按照林业生态文明建设逻辑过程，提出科技创新支撑林业生态文明建设的作用机制，并指出了进行林业生态文明建设中科技创新应注意的问题。

　　"十三五"是我国生态文明建设的重要机遇期，政府对生态文明建设的认识逐步深化，建设进程加速推进。自然生态系统是生态文明建设的主体，其中森林是自然生态系统的核心，意味着林业生态文明在生态文明建设中应该占据主体地位。现代林业是科学发展的林业，林业建设需要以生态文明为导向，走可持续发展之路，通过科技创新，提高林业科技化水平和林业资源的利用率。加快林业生态文明建设的前进步伐是建设生态中国的必然要求，更是今后林业建设管理工作的主要方向。提高生产能力和生产效率的有效手段是技术创新，因此，林业生态文明建设若要取得实效也必然需要发挥科技创新的支撑和引导作用。《国家林业局关于加快实施创新驱动发展战略支撑林业现代化建设的意见(以下简称《意见》)明确提出要深化林业科技体制改革，激发科技创新活力，增强林业自主创新能力，并提出到2020年，基本建成适应林业现代化发展的科技创新体系。《意见》还从科技创新供给、成果转化、人才建设、创新保障等方面给出了具体的指导意见，因此，为有效落实国家创新驱动发展战略，提高林业生态文明建设的科学性和有效性，应该重点提升林业科技创新能力。

一、林业生态文明与科技创新的内涵

　　林业生态文明。人类从诞生以来，经历了原始文明、农业文明、工业文明阶段，当前所提倡的生态文明则是人类社会发展过程中的更高级的文明形态。生态文明所追求的是人与自然的和谐共生。森林、湿地、荒漠生态系统中的所有生物生存状态及相互联系构成了林业生态系统。陈绍志，周海川认为林业生态文明是人类利用林业改善生态环境而采取的一切文明活动，是人类对待自然森林、湿地、荒漠生态系统以及蕴藏生物的基本态度、理念、认知，并实施保护开发及利用的过程。余涛认为在大力推动林业生态文化发展繁荣的过程中，要切实的融入人与自然是一个有机体的理念，并以此指导建设活动。

　　李向阳认为林业生态文明是生态文明建设的主题，林业建设对生态文明建设起着核心作用。孙雯波在生态文明的视域下探讨了我国农业与食物伦理教育的必要性与意义。生态系统由陆地生态系统和海洋生态系统两部分组成，森林作为陆地生态系统的主体是其中最

有效的固碳方式，在生态环境建设中，林业生态文明建设必须放在突出位置。在正确认识生态文明内涵的基础上，促进林业生态文明建设需要加大自然生态系统和环境保护力度、加强生态文明制度建设等，根据国家和各地区林情，明确林业生态文明建设的实施路径，形成有中国特色的林业生态文明建设理论体系。

科技创新。科技创新在学术研究中是一个不断演进的概念，内涵与特定的经济社会发展背景密切相关，理解科技创新需要考虑我国的国情国力与技术发展水平。在宏观层面上，科技创新能力代表了一个国家或地区的竞争实力，在微观层面上，企业的科技创新能力是决定企业在市场经济中能否生存的关键。因而，科技创新是科技创新主体为提升自身竞争力与实力而创造和应用新知识和新技术、新工艺，变革生产方式与管理模式，将科学技术发明应用于生产体系以创造新价值的行为。目前，已有较多学者研究了科技创新对生态文明的支撑作用，如陈墀成认为生态文明的建设需要借助绿色科技提供实践手段，科技创新生态化转型能够提供人与自然协调的科技支撑。左其亭等对科技创新水生态文明建设的支撑作用做了研究，但针对科技创新支撑林业生态文明建设的研究较少。生态文明建设的内容包括水、森林、草原、荒漠、城镇生态文明建设5个子系统，只有5个文明建设齐头并进，才能保障生态文明建设的实现，因此，有必要探讨科技创新对林业生态文明建设的支撑作用。

二、林业生态文明建设中科技创新支撑基础

林业生态文明建设需要自然系统端与社会系统端的协同治理。在自然系统端，需要以保护林业自然生态系统为目的，促进人与自然和谐可持续发展；在社会系统端，需要改变传统生产消费方式与理念，树立生态价值观。林业生态文明建设所追求的是人和林的和谐关系，是一项涉及众多领域的复杂的系统工程，因此，需要林业相关的科学理论创新、技术创新以及不同层面的系统规划以支撑林业生态文明建设。

加强基础理论创新。林业生态文明作为一个新概念，需要相关基础科学理论创新的支持，才能更好地为林业生态文明建设奠定基础。相关基础科学创新可分为林业生态文明的科学内涵及建设路径、林业生态系统演变机理及规律、林业生态文明建设与经济建设等相关联其他领域的科学创新，并包含对农林资源管理、生态学、环境工程学、经济学等多个学科领域理论创新的需要。就林业生态文明建设所涉及的基础学科而言，创新内容包括林业生态影响因素分析，评价指标与体系的选取构建，林业资源保护理论方法创新，生态环境治理与修复，林业生态与城乡社会可持续发展，人林和谐相处研究等诸多方面。

科学实践需要理论支撑，所以，林业生态文明建设的实践需要以能够正确认识林业生态系统的演变规律与内在机理为前提，探求林业生态系统的演进过程与影响因素，以求运用正确的保护开发理念指导林业生态文明建设实践；考虑到需求决定供给，因此，也要切实了解经济社会对林木的需求状况和森林开发的规律，运用生态文明理念指导林业资源开

发，利用与保护的全过程，同时，也要在林业资源规划、建设、管理的各环节中贯彻执行科学用林、节约用林的理念。

关键技术创新。林业生态文明建设对技术创新支撑作用的需求主要表现在生态环境保护技术和资源开发技术两方面。环境保护技术主要应用在支撑生态保护建设，解决生态系统保护中的关键工程技术问题。在国家生态文明建设背景下，要将"一带一路""长江经济带"等作为重点区域保护生态，通过林业生态科技创新，解决在森林修复、湿地、荒漠生态保护等方面存在的难题，掌握生物多样性保育的关键技术等，创新应用技术来增强生态系统服务功能和供给的能力，提升生态系统质量和稳定性。资源开发技术主要应用于林业产业绿色发展、林业扶贫、林业产品开发等方面。林业产业作为传统产业需要通过转型升级以转变过去粗放型的发展模式，在培育新型产业战略的需求下，通过林业资源定向培育、碳汇林业、林业智能装备等核心技术研发，打造从林木资源培育、原材料采购储存、智能制造到提供一体化服务的产业技术创新链条；对于科技发展落后地区，立足于科技服务实践，可引导科技型企业入驻，通过建立科技示范区来共享科技创新成果，促进科技资源共享共用，实现不同区域的科技创新交流与合作。通过技术集成和试验示范，培育不同区域的优势产业和特色产业。

制定科学规划。林业生态文明建设的根本要义在于实践，其实践的基础不仅仅是在理论和技术上的创新，还需要根据实情制定科学系统的规划。按照空间尺度，林业生态文明建设的方案应从不同层次着手。

首先，国家林业部门根据《意见》的指导原则，合理制定国家层面上的林业生态文明建设方案，合理规划林业生态文明建设的空间格局，确定阶段性建设目标与内容，有步骤、有计划地推进全国林业生态文明建设；其次，各省、市、自治区在国家总体方案和规划的指导下，结合地方特色，科学制定本区域林业生态文明建设方案，可以着重解决生态退化严重、系统脆弱和重点保护区域的生态文明方案制定工作；最后，地方可以在区域方案的框架下，按森林保护等级分级保护管理措施，进一步制定单元林业生态文明建设方案，如Ⅰ级保护林地是我国重要生态功能区内给予特殊保护和严格控制生产活动的区域，主要以保护生物多样性，特有自然景观为目的。此外，对于一些因为地震、风灾等自然灾害和人为矿山开采等原因造成的森林生态系统受损的区域，需要制定重点林业生态保护修复方案，如封山育林、人工促进植被演替等技术手段帮助恢复生态系统。参考区域林业生态情况，以及社会经济发展态势，选择具有区域代表性、林业生态管理能力与基础较好的典型地区，开展林业生态文明建设试点，探索林业生态文明建设的管理体制、激励机制、典型模式。

三、林业生态文明建设中科技创新支撑作用机制

支撑林业资源规范管理。科技创新有利于促进林业资源管理制度严格执行和林业资源可持续开发利用。森林是陆地自然生态系统的重要组成部分，是人类生存发展的重要资源

和生态保障。生态红线是我国耕地保护红线后提出的又一国家层面的"生命线",体现了国家在保护自然生态系统上的坚决态度。划定生态红线的主要目的是保护森林、湿地、荒漠这三大自然生态系统、维持生物的多样性,这也是林业生态文明建设的要求。根据第二次全国湿地资源调查结果,过去 10 年我国的湿地面积减少了 339.63 万 hm^2,自然湿地面积减少了 337.62 万 hm^2,这些林地湿地的减少反映出环保意识薄弱、生态资源管理存在漏洞等问题,这些问题的解决,迫切需要通过科技创新研究林业资源优化配置并制定配置方案,通过林权理论研究并建立林权市场和森林资源有偿使用等管理制度。林业生态文明建设保障机制及支撑体系的构建、标准制定及效果评价,将有利于完善财税机制,实现林业生态文明共建与利益共享的林业生态建设长效机制;通过完善林业生态文明建设的体制机制,促进林业生态文明建设工作的规范化、制度化进行。

支撑林业生态环境保护建设。国家林业局在党的十八大精神指引下出台了《推进生态文明建设规划纲要》,科学制定了林地和森林、湿地、沙区植被、物种四条国家林业生态红线。为推动国家生态文明建设战略的实现,围绕"两屏三带"、大江大河源头生态保护修复等重大生态工程,重点突破三大陆地自然生态系统保护与修复等关键技术。科技创新将推进主要基于基础科学研究,帮助构建我国林业资源科学管理体制;通过生态保护应用技术的创新,在维护林业生态安全的基础上建设江河源头生态修复工程,提高水土保持能力、生态保障能力;应用技术方法创新并加强科技实践创新,可大力推进生态系统保护与修复。科技创新在严格保护林业资源方面也有重要意义。一方面,创新基础理论研究对严格林业资源保护具有积极意义,包括强化对林区内动植物资源的实时监测能力和加强林木资源科学管理能力;另一方面,创新科技也有助于科学从严核定区域纳污容量,制定限制排污总量,编制林业资源保护规划方案。

支撑林业生态文明观念普及。科技创新可以通过革新信息传播方式而促进林业生态文明的宣传教育,信息传播方式的快速变化,已经在根本上改变了人们的工作、学习、交流等生活方式,通过基础理论的创新和信息传播技术的创新,可以合理设计信息传播方式渠道,便于将林业生态文明理念传输给大众,宣传生态文明教育活动,鼓励群众参与,提升林业生态文明观念在公众中的普及程度和接受程度,有效地进行引导;信息传播渠道的建立,还有利于群众反馈信息,提高群众的主人翁意识,有利于激发大众参与林业生态文明的积极性,传播林业生态文化。通过科技创新,强化群众生态意识,树立正确生态价值观,促进大众形成绿色生态的生产、生活方式。

支撑绿色林业产业发展。2017 年中央一号文件提出要进行农业供给侧结构性改革,林业作为农业的重要组成部分,在美化生态环境,推动经济发展方面的作用不可替代,成为供给侧结构性改革的重点之一。林业供给侧改革的有效进行离不开科技创新,林业产业结构的优化升级,安全、绿色的林产品有效供给,需要林业科技的创新应用。林业产业的现代化建设要求树立节约资源与保护环境的理念,创新型科技的应用,有助于转变林业产业发展理念和经营模式,推动林业产业提高发展质量和做大做强。绿色安全的消费理念深入消费者心中，决定着消费者的购买行为。林业企业在扩大林产品中高端供给时，需要增加产品科技含量，如突破木竹高效加工、林业智能装备、森林旅游与康养等关键技术。林业产业绿色发展是林业产业发展的主要方向，各地区开发利用经济林、珍贵用材林、林下经济等资源，通过科技创新，实现林业产业的高效经营、林产品的精深加工，培养林业品牌，提高林产品的附加值，培育不同区域的特色林业产业。

林业生态文明的建设中科技创新支撑作用的有效发挥还需要注意一些关键问题：一是林业生态文明建设涉及林业资源开发管理、生态修复、防护工程、经济发展、文化建设等诸多方面，不能依靠一两家企业或者科研单位解决技术创新问题。创建林业生态科技协同创新体，政府需要定位好自己的位置，发挥好在协同创新体组建与发展各个环节中的作用，搭好台子让企业扮演主角；二是林业生态文明建设实践需要科技创新支撑指导，并通过实践反馈来推动科技创新。政府做好顶层设计工作的同时，也需要扮演好监督者的角色，监督底层认真实施，将科研创新成果付诸实践活动，做到上下结合，建立双向反馈互动机制；三以林业标准化工作助力林业生态文明建设，林业标准化在林业科技与生产中间搭起桥梁，能够加速科技成果转化，并且贯穿于林业发展的全过程，是推动林业现代化发展的一种基础性工作。在推动林业标准化建设过程中，需要健全标准化管理体系，完善林业标准化管理体制，优化林业标准结构与布局，加快国内标准与国际标准的对接。

第五节 以生态建设为主体 创新发展现代林业

随着社会经济与科技的进步，现代林业发展面临着重要的战略转型期，这对林业发展战略进行创新具有重要的意义。而基于社会对现代林业的发展需求，生态建设成为林业发展战略制定的基础。本节对生态林业建设的重要性加以分析，基于生态建设为主的社会需求，对林业发展战略创新问题加以探讨。

进入 21 世纪以来，我国的经济发展取得了很大的进步，极大地促进了社会经济的全面发展，基于国家的全面进步与繁荣，我国对现代林业建设日渐重视，当前林业发展正面临重要的战略转型期。基于新时期对生态文明建设的重视，对林业发展战略进行创新，应以生态建设为主。应基于社会生态建设的发展要求，构建以生态建设为主体的指导思想。

一、林业发展以"生态建设为主"的重要性

作为重要的自然资源，森林资源含有较多的利用价值，尤其是森林木材，是众多行业发展的物质材料。根据相关统计表明，我国的森林资源缺乏，森林的人均占有率较低。尤其是近几年来，随着社会经济的快速发展，对木材以及其他森林资源的利用显著增多，严重破坏了森林生态系统，导致森林资源难以实现良性循环利用。为进一步提高森林资源的

可持续发展，必须重视生态建设，通过合理的苗木培育与森林管护，促进森林资源系统能够保持良好的循环状态，从而促进森林资源的可持续发展。

国民经济体系的有效运行需要林业发挥其生态作用：

主题——环境与发展。森林资源种类丰富，其具有的实际功能也较多，这在很大程度上决定了林业具有社会、经济与生态这三大效益。要想更好地发挥社会与经济效益，则离不开对生态效益的充分利用，只有在保证森林生态系统稳定的基础上，林业才能具有更大的经济效益，并产生相应的社会效益。由于三种效益之间的相互联系是依存的，因此在林业发展中应注重对森林的生态建设，发挥其生态效益。

指导思想——可持续发展理论。例句：It was good experience for you, for it enabled you to find your feet in the new country.

二、现代林业发展战略的创新

国民经济体系由众多的产业体系构成，其中林业产业体系与林业生态体系均是其重要内容，为保证国民经济体系的有效运行，需要林业发挥其生态作用，以为国民经济发展提供更优质的服务。现代林业需要肩负保护生态环境，以及为经济发展提供森林服务的双重使命，为此应根据林业的区域发展现状，针对不同区域的林业进行分区经营，从而实现分块突破，为国民经济系统的良好运营提供更多的服务。

目标——综合发挥生态、经济、社会效益。基于国民经济发展对森林资源的需求，保持森林资源的可持续发展，促使三大效益的综合发挥，是现代林业发展的战略目标。由于林业的三种效益之间是相互依存的关系，同时也具有一定的矛盾性，因此处理好生态、经济与社会效益之间的关系至关重要。森林资源的使用可带来经济效益，从而创造一定的社会效益，但是对森林生态具有一定的破坏，并且这种破坏力度会随着资源开发利用力度而定。因此在进行林业发展时，应将生态效益放在首位，以生态与环境保护为基础，在保证生态效益的同时，对森林资源进行开发与利用，从而创造经济与社会效益。

社会效益及经济效益的发挥需要生态效益。可持续发展理论对社会发展具有重要的指导作用，其理论体系包含结构、区域、时间等多方面，就经济增长理论而言，重视对生态环境体系的保护，在追求数量增长的同时，更加重视对长远利益的考虑。以可持续发展理论指导林业发展，促进了森林资源的可持续利用。

近几年来，社会对环境与发展关注密切，处理好环境与发展问题是行业发展最为关注的，也是关系人类社会进步的重大问题。因森林系统属于自然环境的一部分，在林业发展中实现环境与发展的统一至关重要。将环境与发展问题作为发展战略的主题，有利于推动环境与资源开发利用的和谐发展。

动力——科教兴林。再次，可以考虑目标企业所处行业和地区。比如，国家对于创投企业、高新技术企业等行业，以及少数民族、西部地区、经济特区等区域的企业有优惠政策，企业在并购时可以利用这一优惠政策。

科教兴林主要是指借助科技力量，实现对现代林业的快速发展，实施科教兴林主要是基于如下需要：一是林业增长的需要。当前，我国的林业增长方式较为传统，主要以集约度较低的粗放型增长为主，对先进技术的运用水平低。据相关调查统计，科学技术在我国林业发展中的运用仅为27.35；二是我国林业要想实现跨越式发展需要科技的支撑，国民经济建设中林业建设水平较低，只有通过科技教育才能使林业发展取得重大进展；三是林业产业与林业生态两大体系涉及到的内容较多，要想实现多层次的发展，离不开对先进科技的运用，进行科技教育则成为重要任务。

综上所述，为推动我国林业的快速发展，应遵循"生态建设为主体"的发展战略，并在此基础上实现对发展战略的创新，依据社会经济对林业发展的需求，重视环境与发展问题，以可持续发展理论作为指导思想，实施科教兴林，从而实现"综合发挥生态、经济、社会三大效益"的发展目标。

第六节　生态林业建设的可持续发展

本节通过对生态林业内涵、功能以及建设生态林业的意义进行分析，提出加大科技投入，促进现代林业建设；创新林业服务形式，深化林业改革；以政府为主导，健全多元化投资体系以及健全林业法制体系等发展途径，提升林业的生态、社会和经济效益，形成良性循环系统，实现林业健康有序发展。

林业是一项重要的公益事业和基础产业，承担着生态建设和林产品供给的重要任务。建设生态林业可以为生态平衡提供基本保障，同时也促进生态经济的多样化发展，进一步促进人与自然的和谐发展。因此必须加强生态林业建设，维护生态安全，推进社会主义现代化，必须走生产发展、生活富裕、生态良好的文明发展道路，实现经济与人口、资源、环境协调发展，促进人与自然和谐相处。

一、生态林业内涵和功能

生态林业的内涵。生态林业主要是一种林业发展模式，该模式必须要严格按照生态经济和规律实现进一步的发展。要充分利用当地的自然资源与生长环境，加快林业发展，促进生态林业体系的建设。既是多目标、多功能、多成分、多层次，也是合情合理、结构有序、开放循环、内外交流、能协调发展，并可以调节生态林业动态平衡的种植系统。

生态林业的功能。生态林业的功能是涵养水源、保持水土、防风固沙，同时林木通过光合、蒸腾作用可以净化空气，调节温度，对水利工程的建设和农业生产的健康发展都有巨大作用。通过建设生态林业，不仅可以为生态平衡提供基本保障，同时也促进生态经济的多样化发展，并能进一步促进人与自然的和谐发展，加快社会主义经济的共同发展。生态林业的建设能够对当地的森林资源与野生都植物起到保护作用，并能够建设和恢复生态系统，促进经济模式的转变，为社会经济的可持续发展和生态经济发展提供更多助力。

二、生态林业建设的重要意义

生态林业建设要以可持续发展为总体目标，实现生态、经济和社会效益的协调、高效，相互促进，共同发展，并逐渐形成一个良性循环体系，保证生态林业工作健康有序的发展。

加强生态林业建设，是人与自然和谐相处的本质要求。通过建设生态林业，不仅可以为生态平衡提供基本保障，同时也促进生态经济的多样化发展，并能进一步促进人与自然的和谐发展，加快社会主义经济的共同发展。建设和恢复林业生态系统，不仅能够进一步加快现代经济水平的持续提升，还有能够为科技发展生态化奠定重要的物质和环境基础。

加快生态林业建设，是我国建设生态经济的重要力量。生态林业建设的核心就是生态和经济相互协调的可持续发展，并强调我们国家的社会经济持续发展与生态环境建设、资源保护有着密切的关联。建设以生物资源开发创新、绿色产品和旅游产业开发等形成的社会经济发展潜力正在成为我国建设生态经济的重要内容。

加快生态林业发展，是促进农村经济发展的重要途径。生态林业的建设，就是发展"高产、优质、高效"林业，搞好天然林保护，加快多功能人工林建设，同时对农业基础设施以及建设生态环境起到一定推动作用，进一步调整农业和农村的经济结构，不断提升农民平均收入，改善农民生活水平。因此，加快生态林业建设，是实现农民脱贫致富奔小康的一个重要措施。

三、实现生态林业可持续发展的途径

加大科技投入，促进现代林业建设。建设现代林业，实现生态林业可持续发展的一个根本策略是科技的发展，提高林业建设的科技含量，实现对资源与环境发展能力的有效保护，促进人类与自然的和谐共生。应用遥感技术、计算机技术、网络技术、智能技术和可视化技术，大力发展数字林业，实现林地管理的标准化和规范化，同时加强与大专院校交流，构建合作平台，提高林业科技创新和研发能力，做好基层林业的技术培训工作，加大政府政策扶持力度，进而实现"产、学、研"的密切结合，加快林业科技成果的转化，提升林业科技水平。

创新林业服务形式，深化林业改革。深化集体林权制度改革，是调动社会各方面造林积极性，推进生态林业建设的重要基础。要按实际情况实施分类经营与碳汇造林战略，改革创新商品林采伐制度，按照实际要求适时提高生态公益林的补贴、补助标准，大力实行封山育林工程使其生态效益得到发挥；加快林业产业建设，规范林地、林木合法流转，健全现有的林业要素市场，通过公平、公正交易，维护林权所有者、使用者的合法权益，不断完善林业社会化服务体系，为林业产业持续健康的发展提供有力的服务技术支撑。

以政府为主导，健全多元化投资体系。生态林业建设工程通过对国家生态自然资源进行保护以及合理利用，维护生态环境平衡，是一项社会公益性基础工程，投入高、规模大、周期长，因此政府相关部门要加大宏观调控和依法组织管理，合理配置有限的自然资源，为今后的生态建设提供基本保障。近年来，中央、省等各级政府不断加大林业投资，推动经营性和公益性服务相结合，综合服务和专业服务相协调的新型林业社会化服务体系的建设速度，增强家庭林场、林业合作社以及股份制林场等与林业相关的合作组织的服务管理，通过国家补、政策拨、财政贴、项目引、银行贷、企业投、群众筹等途径，广泛吸纳社会资本投入林业建设领域，为生态林业建设的持续发展提供强有力的资金保障。

加强宏观调控，优化林业产业结构。调整优化林业经济结构，促进林业产业的发展，是建设生态林业，实现林业可持续发展的物质保证。根据现代林业经济发展的要求，加强宏观调控，优化林业资源配置，并加大对短周期工业原料林、速生丰产林、竹林和名特优新经济林的推广建设，有效提升当地林业经济收益，同时要突出发展生态旅游、竹藤花卉、森林食品、珍贵树种和药材培植以及野生动物驯养繁殖等新兴林产品产业，进一步优化当地林业整体结构，促进林业产业的可持续发展。积极打造林产品多元化运用与精深加工、现代物流和营销重度关联的产业链条，并大力培育新兴产业，强化林产企业的抗风险能力和市场竞争能力，提升林业产业的整体水平，推动生态林业健康有序发展。

依法治林，健全林业法制体系。生态林业的建设，离不开法律的保驾护航，各级林业部门应该加强森林公安、林政队伍的建设，对林业有关法治条规要进一步完善，加大执法与监管力度，对森林以及野生动植物的保护工作要加强重视，严打乱砍滥伐以及乱捕"三乱"行为的发生。加强林业普法教育和执法监督，广泛宣传《森林法》《野生动物保护法》《植物检疫条例》和《森林防火条例》等林业法律法规，积极开展林业法律知识培训，以《森林法》为准绳，按照生态优先、保护资源的策略方针，尊重自然和生态规律，遵循生物多样性规律，维持生态平衡。要进一步加大对依法治林的宣传推广，并逐渐改善原有传统林木种植模式，促进森林资源管理工作向规范化、制度化发展。

生态林业主要是一种林业发展模式，该模式必须要严格按照生态经济和规律实现进一步的发展。要充分利用当地的自然资源与生长环境，加快林业发展，促进生态林业体系的建设。生态林业的建设不仅是对我国整体生态环境系统的完善，更是促进生态系统持续运营，不断发展的动力。因而在社会飞速发展的当下，需要运用创新型思维，探索生态林业持续发展的新途径，在实现保护森林与自然资源的基础上，进一步实现森林资源和人类的和谐共处，为人们生活提供良好的生态环境。

第八节　利用林业技术创新促进生态林业发展研究

生态林业建设越来越依赖林业科学技术进步，同时林业科学技术也更进一步促进了生态林业发展，因此，有必要对生态林业建设过程中林业技术创新存在的问题做进一步分析，林业技术创新虽然有巨大的发展，但也存在很多不足之处，如林业技术创新资金不足，林业技术创新意识的薄弱，林业技术创新能力的不足，面对这些困难我们应该积极应对，不断加强对林业技术创新促进生态林业发展的研究。

一、利用林业技术创新促进生态林业发展存在的问题

林业技术创新促进生态林业发展资金不足。生态林业发展首要问题是林业技术创新资金短缺，从总体布局来看，我国整体创新水平主要集中在经济发达地区，即东部地区。大部分地区林业技术创新资金相对不足，投资主要来自政府支持，资本结构过于单一。资金短缺导致人才建设不足，技术设施落后，给生态林业带来了严重障碍。例如，新树种的改良和发展离不开资金投入。没有技术创新的支持，产品更新不可能满足新的市场发展需要，从而在竞争中处于劣势。更重要的是，资金不足导致许多林业企业在人员创新和管理技术创新方面缺乏积极性和主动性，导致了综合创新的落后。从产品品种创新、管理技术创新、甚至人才创新等方面来看，资金短缺给生态林业发展带来了严重的制约和障碍。由于资金来源狭窄，无法针对性地引进科研人员和设备，严重滞后于生态林业的发展。

我国林业技术创新意识的薄弱。我国生态林业发展已成为世界林业体系的重要组成部分，随着科学技术的进步和社会经济的发展，我国生态林业的发展发生了巨大的变化。然而，随着我国生态林业的发展，林业技术创新意识淡薄的问题逐渐显现出来，特别是在经济发展相对落后的地区，由于传统计划经济体制的制约，对林业技术创新的重要性一直没有得到足够的重视。虽然取得了可喜的成绩，但与经济现代化相比，我国生态林业发展总体上仍存在较大差距，这一差距首先在于创新意识上。相对而言，林业技术创新意识处于相对落后的状态。林业技术创新意识薄弱，加之传统林业发展模式的制约，使得林业从业人员对技术创新在现代化和市场化进程中的作用认识不足。从生产到经营，再到销售等环节，创新观念落后，导致生态林业发展缺乏长远规划，缺乏高效创新意识，是生态林业发展效率相对较低的重要原因。

林业技术创新能力的不足。是由于我国现代林业发展滞后、人才储备和新技术引进存在问题、创新主动性不足、缺乏创新的主动性，林业技术创新体系没有得到全社会范围内的建立，无法完善产业结构，对技术的利用率不高，对我国的林业技术创新能力造成了较大程度的制约。我国林业发展的起点较低，发展不完善，新技术的引进和应用相对匮乏，

人才队伍建设不能跟上时代的需要。这些问题使得林业技术创新能力的不足，创新水平落后。首先体现在林业品种的开发和改进上，主要依靠国际市场，从国外引进，没有独立的研发能力。其次，新品种的开发和培育没有系统的理论和技术支持。由于缺乏系统的知识，从国外引进的优良品种也难以因地制宜地生长，难以与特定环境相结合。

二、提高林业技术创新能力促进生态林业发展

丰富资本结构，增加社会资本，增加财政支持。科学研究和技术创新最重要的是资金投入。针对当前我国林业创新资金短缺的现状，提高林业创新能力促进生态林业发展应改变传统单一的政府资金支持形式。一方面要引入社会资本，同时林业机构自身也要加大研发投入。从风险投资基金、银行贷款等方面对社会主体的投资，应遵循市场化的原则，以解决当前资金短缺的问题。同时，林业作为国民经济的组成部分之一，也需要国家在政策上的引导，如政策性的创新和科研激励制度，及时减免税收，调动各部门的积极性和主动性。

增强林业创新能力促进生态林业发展意识。对于未来的生态文明，可以说"生态"是人类定居的基础。强化社会全体成员的生态观念，明确林业创新能力促进生态林业发展的重要性及其对促进生态林业发展的指导意义。林业创新能力作为一门新兴学科，发展迅速。为了保证社会各界对林业创新能力促进生态林业发展有正确的认识，实现森林资源科学的保护和发展，林业创新能力促进生态林业发展模式或方法需要纳入科学的范畴。生态林业是一套系统工程，其技术创新和市场转型是一套完整的系统。在体制改革中，首先要落实到人，即科学研究者和实践者身上。放弃传统的林业科研理念，以生态林业理念发展科学技术。同时，科学研究的市场定位是必不可少的。只有在市场化的原则下，科学研究才能有一个更高效的社会应用与营销推广。林业创新能力研究也要以生态林业结构为重点，解决林业与生态环境、产业结构之间的技术难点，提高林业的创新能力。

加强人才建设，提高科研人员的科研能力和创新水平。在任何行业的发展过程中，人才是最核心的要素，特别是林业技术创新。可以说，人才是决定科学研究能力和创新水平的关键因素，是科学研究能力和创新水平的最重要保证。加强技术创新意识，培养专业人才，保证现代林业可持续健康发展。一方面，林业单位要不断加强本单位人才队伍的素质，提高业务能力、技术水平和业务素质。同时，在整个社会层面，林业从业人员的不断流动是林业发展的重要储备。因此，从教育水平上，要加强林业人才的培训和教育，提高培训水平，提高专业配置，打造全方位的林业顶尖人才，提高技术能力、知识素养和业务能力。林业专业人员的素质。为林业输送更多高素质人才。

本节探讨了利用林业技术创新促进生态林业发展，在林业技术创新中，需要增强全社会生态责任意识，需要加强人才建设，提高科研人员的科研能力和创新水平，这样可以丰富资本结构，增加社会资本，增加财政支持，提升效益。因此，利用林业技术创新来促进生态林业发展是目前重要的研究内容。

第九节 加大林业金融创新力度 助推生态文明建设进程

福建省三明市自 20 世纪 80 年代以来经历了三次集体林权制度改革。党的十八大以来，三明市不断创新林业金融改革并取得了积极成效。本节总结了三明市近几年来在林业金融创新方面的情况，希望能为新时代推进生态文明建设提供一些借鉴。

福建省三明市是我国典型的南方集体林区，全市森林面积 2646 万亩，森林覆盖率 78.1%、蓄积量 1.73 亿 m^3，是全国最绿省份的最绿城市。三明市作为全国集体林权制度改革的策源地，改革大致经历了三次飞跃。第一次飞跃，从 20 世纪 80 年代初，推行"分股不分山、分利不分林"的林业股份合作制改革，被中共中央政研室编辑出版的《中国农民的伟大实践》列入典型之一。第二次飞跃，2003 年起，通过以"明晰产权"为重点的集体林权制度改革，实现了"山定权、树定根、人定心"。先后被国务院批准列为全国集体林区改革试验区，被国家林业局确定为全国集体林业综合改革试验示范区，永安洪田村被誉为中国林业改革"小岗村"。第三次飞跃，2014 年开始，以林业资源变资产、资产变资金作为深化集体林权制度改革的切入点，坚持以问题为导向，着力创新林业金融，逐步建立由林业融资机制、林业金融工具创新、林业金融风险防控、林业金融服务平台、林业碳汇交易试点等方面组成的林业金融体系。推出林权抵押贷款、"福林贷"等林业金融产品，走出了一条"林农得实惠、企业得资源、国家得生态"的生态富民新路。

一、林业金融创新的出发点

（一）突显林业资源价值

通过林业金融创新，让广大林农看到林权可随时提现，不再以林木砍伐为前提。对林农来说有林就有钱，林权就是随时可提现的"绿色银行"。林业金融创新更好地实践和诠释了"绿水青山就是金山银山"的理念。

（二）推进生态文明建设

发挥林业在推动绿色发展、建设生态文明中的重要作用，贯彻"森林惠民、森林富民、森林育民"的三明森林城市创建理念，率先实现所有县（市、区）省级森林城市全覆盖。促进林农爱林护林的积极性，对生态文明建设起到助推作用。

（三）助推乡村振兴战略

围绕林业助推乡村"产业兴旺、生态宜居、乡风文明、治理有效、生活富裕"，促进乡村战略实施，实现"生态美、百姓富"有机统一。

（四）提供可复制成果

在集体林权制度改革已经取得成果的基础上，通过林业金融创新和实践，为推进新时期生态文明建设提供一些可操作、可复制的做法和经验。

二、建立林业金融支持机制

收储支持。针对林权抵押贷款中银行"评估难、监管难、处置难"等问题，成立国有或国有控股、混合所有制、民营等各种所有制林权收储机构12家，实际到位注册资本金4.3亿元，实现全市各县（市、区）全覆盖，与金融机构签订合作协议，承担不良贷款林权收储兜底功能，解除金融机构的后顾之忧。其中市本级有三明市金山林权流转经营有限公司、三明中闽林权收储有限公司和三明金晟林权收储有限公司等3家收储机构。

政策支持。三明市政府先后制定下发了《关于林权抵押贷款森林综合保险的实施方案》《关于加快推进林权抵押贷款工作的指导意见》《关于调整抵押出险的林权变更登记程序的通知》《转发市林业局等单位关于在全市推广普惠林业金融产品"福林贷"指导意见的通知》等文件。同时，市林业主管部门还分别与中国邮政储蓄银行三明分行、三明市农商银行和兴业银行三明分行共同印发了《关于合作开展林业小额贴息贷款工作的通知》。从政策上鼓励和支持林业金融创新发展。

资金支持市财政在预算中安排3000万元设立林权抵押贷款风险准备金，重点支持银行创新林业金融产品，提高了林业金融创新的公信力。

三、推进林业金融工具创新

创新林业金融产品。针对现有林业金融产品存在贷款期限偏短、贷款利率偏高、抵押林权范围偏窄等问题，三明市充分运用林业融资支持机制创新成果，先后推出三款林业金融新产品，满足不同群体的林业发展资金需要。

林权按揭贷款产品。与兴业银行、邮储银行合作，在全国首推15~30年期的林权按揭贷款，解决了林权抵押贷款期限短与林业生产经营期长的"短融长投"问题，减轻了林业大户和林业企业的还款压力。

林权支付宝产品。与兴业银行合作，在国内首推具有第三方支付功能的林权支贷宝，解决林权流转中买方资金不足及转移登记过程中可能出现纠纷等问题，解决了林业大户和林业企业的融资难题。

普惠林业金融产品。与农商银行（农村信用社）合作，在全国率先推出普惠林业金融产品"福林贷"，采取整村推进、简易评估、林权备案、内部处置、统一授信、随借随还的方式，给每户林农最高授信20万元，年限3年，满足了广大林农对生产资金的需求。

推进林业企业上市。鼓励支持林业企业直接在资本市场融资，不断扩大资产规模。全市拥有永安林业（股票代码 000663）、青山纸业（股票代码 600103）、福建金森（股票代码 002679）和春舞枝花卉（2014 年 8 月 25 日在德国证券交易所挂牌上市）等 4 家林业类上市公司。通过上市募集、配售新股、定向增发等方式，已经上市的林业企业净资产和市值都有大幅度的增长。

推广森林综合保险。自 2009 年以来，加强组织领导，广泛宣传政策，坚持先易后难、重点突破的办法，分门别类组织和引导林权所有者和林农参保。全市 730 万亩生态公益林，每年都实现全保；商品林每年参保 1700 万亩左右，占全市商品林应保面积的 95% 以上。

四、加强林业金融风险防控

对于林权按揭贷款。建立资产评估、森林保险、林权监管、快速处置、收储兜底等"五位一体"的风险控制机制，分散化解金融风险，提高金融机构放贷积极性。

资产评估。林权收储公司全程跟踪拟抵押森林资源资产评估过程，保证评估公平公正，最大程度减少高估、虚估等风险行为。

森林保险。在政策性森林综合保险基础上，叠加林权抵押贷款全额保险，保险费率不变，增加的保费按年由贷款人缴交，县级财政给予一定的补助。

林权监管。由林权收储公司将抵押的森林资源委托第三方监管，防止盗伐等人为破坏带来的风险。

快速处置。贷款一旦出现不良情形，由林权收储公司垫付资金给资产管理公司，资产管理公司直接从银行收购抵押林权，并公开拍卖变现。

收储兜底。如果林权拍卖出现流拍情况，则由林权收储公司收储，实现资产变现。在偿还贷款本息和必要的手续费用之后，将剩余资金返还给贷款人。

对于林权支贷宝。建立"支付保证＋林权按揭贷款"的风险控制机制，像房地产中的二手房交易一样，买方将 50% 价款首付到银行保证金专户，同时向银行和林权收储公司申请按揭贷款，所有款项全部到齐并办理林权转移登记后，由银行将全部价款支付给卖方。

对于普惠林业金融。建立"银行＋村合作基金＋林农"的风险控制机制，即由村委会牵头成立林业专业合作社，依托合作社设立林业融资担保基金，为本村林农提供贷款担保。林农以其拥有的承包山、自留山等林权作为反担保标的，如发生不良贷款，由合作社内部来对反担保的林权进行处置。

诚信加盟。加入林业专业合作社会员时以诚信为门槛，有不良诚信或有其他不良嗜好的不能加入。

信用奖惩。第一年信用良好的，第二年、第三年分别按 1∶8、1∶10 授信；信用不好的提高利息给予惩罚，如果信用不良比例超过 10%，所有社员按原利率再上浮 30% 执行，信用不良比例超过 15% 时，停止发放贷款，直到降到 10% 才重新发放。

互帮互助。通过奖惩机制，如有一位社员出现信用不良，其他社员为避免利息惩罚，社员之间就会互帮互助。

内部处置。如互帮互助无果的，则按合约在合作社内部进行流转，不必由银行处置，形成风险防控的闭合系统。

五、提高林业金融服务水平

服务社会化。依托三明市金山林权流转经营有限公司、三明中闽林权收储有限公司和三明金晟林权收储有限公司设立林业金融服务中心，入驻森林资源资产评估、林权监管等中介机构，并与兴业银行、邮储银行、农商银行、人保财险、人寿财险、资产管理等金融单位建立合作关系。中心设立服务窗口，实行"一站式受理、六项代理服务"，即代办资产评估、代办委托公证、代办叠加保险、代办抵押登记、代办债权保证、代办贷款审批，提高优质高效便捷的服务。

服务便利化。在评估环节上，做到抵押林权外业调查评估与贷前调查同步进行；在担保环节上，建立林权抵押贷款分级授权审批制度，由林业金融服务中心直接向银行报送材料，银行及时收件和审批；在放贷环节上，与贷款申请人签订协议之后，尽快放款到账。特别是普惠林业金融产品，以村为单位开展贷前调查，分户建立档案，分批授信放贷。

服务一体化。通过搭建三明林业金融服务中心、三明林权交易中心、三明林业商品交易中心等平台，为林农、林业经济组织、林业企业提供一揽子、全方位、全过程服务。

六、林业金融创新取得积极成效

林业金融创新成效显著。目前，全市累计发放林权按揭贷款、林权支贷宝、"福林贷""邮林贷"等林权抵押贷款总额达 121.6 多亿元，占全省林权抵押贷款的 57%，其中近五年新增林权抵押贷款近 60 亿元，林业金融新产品运行以来没有发生不良情况。

创新林业碳汇交易。自 2017 年以来，完成了全省首单 VCS 林业碳汇交易；开发出全省首个林业碳汇区域方法学；成立了全省首家林业碳汇开发企业；营造了全国首片企业碳中和林；实现全省首批林业碳汇交易；建立了全省首个绿色碳汇基金。

富民产业快速发展。全市林业产业总产值、笋竹、油茶、花卉苗木、林下经济等富民产业快速发展；建设了永安竹天下、明溪红豆杉、清流桂花园等一批林业产业创意文化旅游产业园；培育了一大批森林人家；农民人均涉林收入占农民人均可支配收入的比率也大幅度提高。2018 年 6 月，三明市再次被国家林业和草原局确定为全国集体林业综合改革试验区。

第十节　森林资源监测中地理信息系统的应用

森林资源具有调节气候、保持水土、净化空气等多种生态调节作用，对于人类的可持续发展来说至关重要。而现阶段由于管理上的疏漏，我国的森林遭受到了大面积的破坏，森林的覆盖率急剧下降。因此，我们需要利用新的技术实现对森林资源的合理开发和保护。而地理信息系统是新阶段用于检测森林资源的有效技术，通过它我们可以及时掌握森林资源的详细信息，进行动态的监测与管理。

一、地理信息系统的功能简介

传统的森林资源管理与监测方法过于简单化，主要关注的是森林的面积，缺乏对生态环境、景观及立体的资源信息的关注。而管理工作只是局限于数据的处理，图形的绘制也是依靠手工进行操作。为了提高对森林的管理效率，现阶段提出利用地理信息系统进行森林资源的动态监测与管理。地理信息系统是21世纪新开发的管理技术，利用信息学、空间学和地理学等多方面的学科知识，进行数据的采集、监测、编辑、处理和存储，并且具有空间分析、图形显示与信息输出等多方面的功能。地理信息系统的功能十分强大，可以实现多方面、立体化的资料收集，并对各种资料进行贮存、修正、分析和重新编辑，为综合的、多层次的森林资源管理与监测奠定了基础。一般情况下，地理信息系统是由四部分组成的，分别是数据输入系统，数据库管理系统，数据操作和分析系统，数据报告系统。其中输入系统主要是收集和处理来自地图及遥感仪器等收集的空间和属性数据；数据管理系统主要是进行数据的贮存和提取；数据操作系统主要是进行由函数式及动态模型等组成，进行数据的操作处理。数据的报告系统主要是在相应的设备上对数据库中的各类数据处理和分析的结果进行显示。通过四个功能的依次操作，最后我们可以在三维坐标中，观察到直观且立体的资料，或者是图表的报告，方便我们下一步的调查分析。

二、地理信息系统在森林资源管理中的应用

（一）森林在具体的资源管理中的运用

（1）森林的职员档案管理森林资源需要进行档案的管理，而传统的管理方法是按照二类调查的小班卡、林业调查图或者统计报表等进行统计。工作人员通过调查进行数据库的建立，以小班为单位进行数据的统计，最后建立资源档案管理库。一般情况下是每年进行数据的更新。在这种管理模式下，工作人员只能是对森林资源的数据情况进行分析，手工绘制图件或者按照自己的理解绘图，数据和图形对应较差，很难实现数据的可视化。而

现阶段我们使用的地理信息系统是使用计算机进行数据的收集，分析和绘图，采用一体化的设备实现图形与数据库有机结合使森林资源档案的管理更加科学高效。此种新技术所具有的优势主要有可以实现属性与图形数据双向查询，同步更新，而且该系统可以将数据库纳入为属性数据库，进行资源数据的统计报表和空间数据的制作。

（2）森林结构的调整通过地理信息系统的监测，我们首先可以对森林的林种结构进行调整，规划河岸防护林、自然保护区、林区防火隔离带等生态公益林区，通过分析防护林的比例和分布范围进行合理的林区布局调整。其次，可以对树种结构调整。该系统可以通过调查区域内各小班的地形情况和土壤情况，在三维空间图中显示地形的特征，帮助工作人员因地适宜的进行树种结构的调整。最后该系统可以对森林树木的年龄结构进行合理调整。根据森林的可持续发展的需要以及地区的地形特点和生态的效益等，进行合理的分析，最后确定合理的年龄结构，使各龄组的树木比重逐步趋向合理，充分发挥森林的潜力。

（二）地理信息系统在森林资源动态监测中的应用

（1）林业用地及森林分布变化的监测。林业用地的变化主要可以分为林地的类型和林地面积两个方面的变化。由于传统的数据只是反映出数量的变化，由于地理环境复杂，很难对具体的变化图形进行准确的描述。但是在使用地理信息系统进行林区的监测时，我们可以将不同时期的调查数据进行计算机的分析，不仅可以准确地分析出不同的区域的数据变化情况，而且还可以在空间水平上将数据以图形的形式表现出来，落实到具体地块上准确的分析林区的空间分布规律，为相关的工作决策提供依据，以及时的进行林业生产方针政策的调整。

（2）自然灾害的监测通过地理信息系统，我们还可以实现对森林病虫害的预报和预测工作。在森林虫害发生时，通过这种先进的技术，我们可以对森林的虫害发生情况进行地域的监测，按照事件的种类、危害程度以及区域的面积展现出的数据，制定准确的应对措施。

（3）其他内容的监测此外，还可以利用地理信息系统的先进技术，对森林火险进行监测，及时发现危险，建立预测预报模型，进行森林火险预报。并且可以通过监测森林的防火状况，建立森林防火指挥系统。另外，我们可以对森林的荒（沙）漠化情况进行监测，通过计算机技术，建立荒（沙）漠化数据库，为荒漠化治理、规划和管理监测提供依据，以提出正确的荒（沙）漠化防治措施。最后，地理信息系统还可以应用在野生动物的管理、林区的开发管理、林政管理、人口管理和林区基础设施的建设管理等方面，实现林区的规范化管理，促进人与自然的和谐相处。

综上所述，为了更好地实现科学的林区环境和森林资源的管理，我们应该合理的应用现代的地理信息系统，利用计算机进行数据的分析，图形的绘制，根据实际情况进行合理的分析和规划，保证森林资源的合理利用，在追求经济利益的同时保证生态效益，促进林区的可持续发展。

第八章　森林培育与林业生态建设研究

第一节　生态环境建设与森林培育两者的关系

    人类的一切生产和生活都离不开生态环境，随着科技的不断提高，人们对生态环境的开发和利用能力也在不断地增强。但是目前因为人类对生态环境的过度开发和利用，使得目前的生态环境变得越来越恶化。森林是生物资源的一种，属于可更新资源，在开发利用森林资源时，一定要重视开发利用中产生的问题，采取措施保护森林资源，使之能不断增殖、繁衍，以满足人类对它永续利用的要求，保证经济、社会的可持续发展。为了加强生态环境建设，必须做好森林培育，为生态环境的治理、恢复和重建做出贡献。

一、生态环境建设面对的问题

    植被破坏。植被是全球或某一地区内所有植物的泛称。植被在人类环境中起着极其重要的作用，它既是重要的环境要素，又是重要的自然资源。植被破坏是生态破坏的最典型特征之一。植被破坏是导致水土流失并最终形成土壤荒漠化的重要根源。目前，全球大面积的荒漠化已严重影响了人类的生存环境。

    在植被破坏中，其中的突出问题就是森林遭到破坏。据林业部门统计，建国初期我国林地曾达 $1.25 \times 108 \mathrm{hm}^2$，森林覆盖率为 13%，经过几十年大面积的植树造林，据国家林业局于 2014 年公布的第八次全国森林资源清查成果，我国的森林覆盖率为 21.63%，远低于全球 31% 的平均水平。全国许多重要林区，由于长期重采轻造，导致森林面积锐减。例如，长白山林区 1949 年森林覆盖率为 82.5%，现在减少到 14.2%；西双版纳地区，1949 年天然森林覆盖率达 60%，目前已降至 30% 以下；四川省 1949 年全省森林覆盖率在 20% 左右，川西地区达 40% 以上，但到 70 年代末，川西地区覆盆率减到 14.1%，全省减到 12.5%，川中丘陵地带森林覆盖率只有 3%。

    由于森林的破坏，导致了某些地区气候变化、降雨量减少以及自然灾害（如旱灾、鼠虫害等）日益加剧。据调查，我国四川省已有 46 个县年降雨量减少了 15～20%，不仅使江河水量减少，而且旱灾加重。在四川盆地，20 世纪 50 年代伏旱一般三年一遇，现在变为三年两遇，甚至连年出现，而且旱期成倍延长。春旱也在加剧，由 50 年代的三年一遇变为十春八旱，自古雨量充沛的"天府之国"，现在却出现了缺雨少水的现象。

此外，森林的破坏，使原有的生态系统平衡失调，生物多样性锐减。给生态系统的良性循环造成重大危害。

水土流失。土壤侵蚀在干旱地区的主要表现为沙漠化，在湿润地区则主要表现为水土流失。水土流失是在水力和风力的作用下，地表物质发生剥蚀、迁移或沉积的过程。水土流失会破坏土壤肥力、危害农业生产，会影响工矿、水利和交通等建设工作，威胁群众生命财产安全，造成经济损失。

荒漠化。荒漠化是包括气候变异和人类活动在内的种种因素所造成的干旱、半干旱和亚湿润干旱地区的土地退化。既包括非沙漠环境向沙漠环境或类似沙漠环境的转移，也包括沙质环境的进一步恶化。植被破坏是导致水土流失并最终形成土壤荒漠化的重要根源。土地资源利用不合理、植被资源不合理利用、干旱、半干旱地区水资源的不合理利用以及不合理耕作及粗放管理都是造成荒漠化的重要原因。荒漠化的产生会导致土地生产潜力衰退、土地生产力下降、草场质量下降以及对环境造成污染和破坏。

二、森林培育对生态环境建设的重要作用

在全球生态系统碳循环中起着重要的调节作用。森林是陆地生命的摇篮，具有吸收 CO_2、放出 O_2 的功能。碳循环的过程中，森林生态系统是碳的主要吸收者之一，每年大约可固定 $36 \times 109t$ 碳。由于大量砍伐森林和森林火灾等灾害，全世界的森林面积急剧减少，加之化石燃料消耗量迅速增长，大气中 CO_2 浓度明显上升，全球气候变暖成为世人关注的全球性环境问题。

森林是人类的绿色屏障和绿色宝库。森林是陆地生态系统的主体，具有非常重要的生态功能和生态效益，由于其具有高大的形体，复杂而多层次的结构、盘结交错的庞大根系，以及分布广、面积大和寿命长等特点，因而对周围环境影响巨大，是人类生产和生活活动的绿色屏障和绿色宝库。森林是自然界物质能量转换的加工厂和维护生态平衡的重要动力。森林有诸多方面的生态效益主要包括涵养水源、保持水土；调节气候、增加降水；降低风速、防风固沙；净化大气、改善环境等作用，而在水土保持方面，森林更是发挥着巨大的作用，森林植被通过对水分循环与过程的生物调控成为控制水土流失的关键因素。一般，山区森林覆盖率只要保持在 60% 以上，都能有效地发挥保持水土的巨大作用。$1hm^2$ 林地与 $1hm^2$ 裸地相比，林地至少多储水 $3000m^3$。此外，森林又是巨大的第一性生物量制造厂，全世界森林生态系统的生物生产量占植物生产总量 90%。

森林生态系统可净化环境，改善气候条件。森林是消灭环境污染的净化器，森林可以净化环境，吸收大气中的污染物，滞尘，使空气清新，降低噪声，并可起杀菌作用，有益人体健康。经实际调查研究证明，$1hm^2$ 阔叶林每天可吸收 $CO_2 1000kg$，释放 $730kg O_2$。按每个成年人大约每天需吸入 0.75kg 氧气、呼出 0.9kg CO_2，依此估算每人大约需 $10m^2$ 林地，

才可得到所需的 O_2。森林可以维持二氧化碳的平衡，进而调节热量的平衡在有森林地区，可使地区蒸发量减少；由于森林强大的蒸腾作用，使林区上空的温度比非林地区低为降雨创造了有利条件；森林还有降低风速、减少于热风等作用可以有效阻止灾害天气的发生，减少对农业的危害。

森林培育可保护生物多样性。森林物种多样性最丰富，破坏则使物种和遗传资源失去了保障，导致多样性锐减。森林是植物、动物种群多样性赖以生存的基础和保障。森林提供物种多样化的生境为物种进化和产生新种提供基础。森林生态系统还为濒危、珍稀动植物提供了栖息繁衍的基地。森林是陆地上最大、最理想的物种基因库，物种的遗传变异和种质对农业、医药和工业每年能提供数十亿美元的贡献。

三、做好森林培育的措施

加大造林力度。①要稳定发展面积，确保每年造林数量保持在一定规模，防止造林任务大起大落，保持好近年来连续出现的良好发展势头；②要注重发展质量，提高建设成效，确保这种发展既有数量又有质量，是科学合理的发展。

强化森林经营，提高森林质量。要改变森林资源质量不高的状况，必须下大力气强化森林经营工作，走森林可持续经营的发展道路。①按照分类经营的要求，科学编制森林经营规划，进一步明确不同区域林业发展的方向、主导功能和生产力布局，为实现经济、社会和生态全面协调可持续发展奠定基础；②编制实施森林经营方案，将不同类型森林的经营措施落实到山头地块，引导经营者科学经营；③抓好国家重点生态公益林中幼龄林抚育试点项目，探索和总结多种森林可持续经营的模式，全面提高森林可持续经营水平。

做好森林防火，加大林政管理。森林防火工作继续常抓不懈，进一步落实镇、村、组森林防火责任制，加强防控能力，严厉打击野外用火行为，突出抓好重点林区，重点地段，重点人员的森林火灾治理、预防工作，切实提高森林防火工作管理水平。加大林政管理，林地管理，严格林政执法力度，认真开展各项严打专项行动，严厉打击破坏森林资源违法犯罪行为。加强征占用林地监管工作，严格林地审批程序，确保森林资源安全。

综上所述，生态环境问题已经成为制约我国国民经济和社会可持续发展的最重要因素，严重影响着人们的生存环境和生活质量。森林培育在加强生态环境建设中发挥着不可替代的作用。为加强生态环境建设，做好森林培育工作，必须加大造林力度，提高森林质量，做好森林培育和防火工作。

第二节 森林培育在生态环境建设中的重要性

森林培育工作直接影响着生态环境建设工作。借助森林培育的方式来对生态建设工作进行有效强化具有很强的实践意义。文章对森林培育以及生态环境建设进行了概述，对影响生态环境建设的因素进行了分析，重点对森林培育工作对生态环境建设工作所起到的重要作用进行了分析，旨在为我国生态环境建设工作质量的提升奠定基础。

过去一段时间内，人们过度地重视经济的发展，滥砍滥伐以及过度开发的现象屡见不鲜，导致生态平衡受到了严重破坏，生态形势不容乐观。随着生态问题日趋严重，人们逐渐意识到生态环境建设的重要意义，尤其关注森林培育对生态环境建设所产生的积极影响，将其视为强化生态环境建设工作的手段之首。

一、森林培育与生态环境建设简介

森林培育。森林培育具体指的是种植大量的树木，借助太阳能以及其他形式的能源来制造出更多有效的资源，在进行森林培育的过程中，需要特别关注对环境的有效保护。如今，森林培育工作的对象主要是天然森林以及人工森林，主要进行立地、育苗以及修剪等工作。森林培育工作不仅能够实现对环境的有效优化，为人们创造出更多资源以及原料，也在一定程度上为人们提供了更多的就业机会，所产生的社会效益、经济效益都是非常显著的。在将来的森林培育工作中，需要不断强化定向发展及可持续发展的理念，从而更好地提升生态环境建设的品质。

生态环境建设。生态环境建设工作是我国现代化建设工作中的重要组成部分，也是社会主义现代化建设的基本方针。从本质上来讲，生态环境建设工作并不是一蹴而就的，需要长期努力奋斗，也需要不同时代的人为之做出贡献。生态环境建设工作的基础是可持续发展以及生态平衡的理论，借助不同形式的技术来治理的生态环境，比如借助植树种花种草等形式对已经遭到破坏的生态环境进行修复，提升生态建设能力。

二、生态环境建设的挑战

水土流失。就目前的状况而言，我国整体的植被覆盖率比较低，是我国的水土流失状况日益严重的一个重要原因。主要表现为水土大面积流失，同时水土流失的外在表现类型不断增多，流失的水土分布比较广泛，也呈现出不断扩大的趋势。

土地荒漠化。生态环境整体的机能弱化的一个表现是土地呈现比较严重的荒漠化。在我国，土地荒漠化的问题主要集中在西北部地区，出现这种状况的主因是长期遭受大风的侵蚀。在土地沙漠化比较严重的区域内，土地整体的生产能力将会大幅度下降，使得当地的生态环境朝着进一步恶化的方向发展，经常出现沙尘暴天气，影响人们的正常生活和生产。

耕地资源质量下降。科学、合理、有效地利用耕地资源是从根本上提升农业生产能力的基础保障，也是促使经济建设的关键。但是，近些年来我国的生态环境状况不断恶化，尤其是水土流失及土地荒漠化的问题日趋严重，使得我国的耕地面积不断缩小，同时现有的耕地质量也呈现肥力下降的状态，影响了农产品的产量，也可能因此引发一系列社会问题。

生物多样性锐减。近些年来，人们对自然资源的开发呈现出过度的状态，使森林植被的覆盖率不断下降，森林整体的占有率呈现出降低的趋势，与此同时，人们未能及时采取有效地采取措施对森林资源进行科学有效的保护，使得原有的生态平衡被破坏，引发了各种类型的自然灾害，直接导致森林中的物种多样性急剧下降，生物种类锐减，对于生态环境建设工作的开展造成了极大的负面影响。

洪涝及旱灾频发。近些年来，我国不同地区的洪涝、旱灾出现的频率不断提升，同时我国整体的水资源分布极不均匀，使得不同区域会出现不同类型的灾害，这与生态环境遭到破坏之间存在着密切的联系。而森林培育工作的开展，能够在一定程度上降低洪涝或者旱灾出现的频率。

三、森林培育对生态环境建设工作的重要性分析

森林培育工作是当代人们重视的话题，森林培育能够提升森林的覆盖率，也是提升生态建设水平的有效措施。森林培育工作改善生态环境的作用主要体现在以下5个方面。

防止水土流失。森林体系最大的优势是能够较好地蓄存水分，起到保护水土的作用，有效控制水土流失问题。相关的调查数据显示，厚度为1 cm的落叶层能够使得地表的径流量减少20%左右，与此同时，在雨季来临时，森林还能够有效控制洪水量，在干旱的季节有效保持河流的水量，起到良好的水量调节作用。总的来讲，植树造林属于我国基本国策的一部分，倡导森林培育工作能够有效提升水量的调控作用，提升对水土流失问题的有效控制力。

防治土地沙漠化。借助森林培育能够从根本上提升森林覆盖率，从而实现防风固沙的效果，达到有效预防土地沙漠化的目的。在我国的部分区域内，土地荒漠化的问题比较突出，森林培育发挥防风固沙功能主要体现在两个不同的方面：首先，森林能够降低风的强度；其次，它能够实现对风向的调节。对于本身荒漠化比较严重的区域来讲，借助森林培育的方式能够有效提升空气质量，也有助于当地土壤肥力的有效提高，为遏制土地荒漠化问题起到重要作用。

提升物种多样性。目前国内的生物物种是比较丰富的，同时超过一半的物种将森林作为栖息地。然而近些年来，我国的森林破坏程度不断提升，使得物种多样性不断下降。相

关调查结果显示，我国已经有多种生物的生存受到了威胁，也有部分物种面临灭绝的境地。对此，需要强化森林培育意识，不断提升森林建设和培育工作，在此基础上，不断优化濒危物种的繁育工作，在一定程度上提升濒危物种的繁育能力。

缓解全球温室效应状况。通常情况下，二氧化碳含量的上升会使得全球温室效应问题变得更加严重，这也是各个国家比较关注的问题之一。因此，需要不断强化对森林保护的意识，减少森林砍伐量，以此来提升森林的覆盖面积，吸收环境中的二氧化碳。相关的研究调查结果显示，森林能够不断提升对二氧化碳的吸收量，优化生态环境，是生态环境建设工作中的关键一环。

促进农业发展。借助森林培育的方式能够从根本上提升农业生产品质，这是因为森林能够实现降低灾害率，调节温差的作用，从而降低冬季低温以及夏季高温等为农业生产所造成的负面影响。除此之外，森林覆盖率的提升能够有效提升空气的整体湿度水平，为农作物提供更加优良的生存环境，降低干旱或者霜冻等自然灾害对农作物产生的负面影响。

在新的时代背景下，人与环境的协调和谐发展是社会发展的重点，为了实现这一效果，就需要贯彻落实可持续发展观，强化生态环境保护意识，为生态环境建设工作提供有效的参考依据。森林培育是开展生态环境建设工作的有效手段，森林培育不仅能够实现对空气的有效净化，为人们提供更加优质的生存环境，同时也能够为社会提供更多有效的资源。由此可见，森林培育工作对社会的可持续发展起着非常重要的作用。

第三节　林业培育及病虫害防治管理策略

我国林业资源丰富，在国家高度注重生态环境建设的今天，林业培育对林业的发展十分重要，同时也要加强病虫害防治，以此避免苗木长势不佳。本节对病虫害防治技术的重要性概述，讨论虫害防治现状和虫害出现的原因，阐述林业的培育管理技术，并分析如何进行林业培育和病虫害防治，希望对林业资源保护有借鉴意义。

森林是大自然的卫士，是生态平衡的支柱，被称作"地球之肺"。此外，林业资源也是宝贵的经济资源对我国的建设和发展起到重要作用。因此，需要改善林业培育环境，加强对林业培育的管理。在对林业资源的管理过程中，防治病虫害是关键的内容。长期以来，病虫害对我国的林业资源造成严重的破坏和不可估量的经济损失，所以既要加强林业培育又要做好病虫害防治。

一、病虫害防治技术的重要性

虽然我国林业资源较为丰富，但是病虫害一直对苗木的生长造成破坏，导致苗木长势不佳甚至死亡，造成经济损失，减弱对气候的调节能力，因此是林业资源的保护的重要内容。在林业管理中需要林业部门拟定防治准则，建立有效的预警方案，并且借助信息技术对害虫分布的位置确认，分析害虫的类别，并且及时将害虫捕杀，这样可以有效提升苗木的成活率，并且有利于生物的多样性，发挥出生态价值。此外，我国经济建设也离不开木材，做好病虫害防治可以保证木材质量，创造经济价值。

二、虫害防治现状和虫害出现的原因

首先，自然因素。我国夏季气温较高、降水偏多，在林区为害虫提供了良好的栖息之地，同时部分害虫还具有迁移能力，对苗木和农作物造成更为严重的破坏。其次，人为因素。部分地区的林业管理部门缺乏病虫害的防治意识，并且管理力度不足，导致病虫害肆虐，而在植被的引进中也可能将外来害虫引入，加之缺少天敌，使得病虫害防治工作形势严峻。

三、林业的培育管理技术

（一）选择培育品种

对与林业培育品种来说，要做到因地制宜，以我国西南地区来说，苗木种类繁多，有云南松等乔木和众多灌木，在高山林区还存在云南黄果冷杉、丽江云杉等，这些树种对当地自然环境的适应能力极强，并且自身对病虫害有较好的抵抗能力，种植成活率较高，最好选择易培育易成活的品种，比如在华北地区多选择中林46号杨。此外，培育林业资源还要充分考虑其综合价值，比如通过提升阔叶林的种植面积可以维持当地的生态环境，保持生物的多样性并且提升观赏价值。

（二）选择培育时间

不同的植被有着独有的生长习性，因此需要选择好林业的培育时间，主要考虑到自然环境，同时还要考虑到社会和经济因素。我国南方地区四季气温较高，常年处于湿热的气候下，对种植时间选择要求不高。而华北等地多选择初春时节栽培苗木，该阶段由于温度不高水分不易挥发，有利于提升树苗培育的成活率。但是，在东北地区春季气温依旧不高，需要根据具体的情况而定，切忌培育时间盲目提前。

四、如何进行林业培育

当前的林业培育不再是单一的苗木种植，而是将林业和畜牧业结合，打造成生态模式，比如林下养鸡、桑基鱼塘都最大程度的实现对林业资源的合理利用，在发挥出生态效益的同时，也体现出较好的经济效益和社会效益。因此，林业生态模式有着一定的现实意义。林、草、畜复合下的培育管理技术是我国大力倡导的林业模式，在该生态模式下，多种资源的优势得到利用和发挥，在林业培育中需要注意以下内容：首先，要合理选择树种。要确保树种无病虫害，以本地苗圃的苗木为宜，这样不仅可以保证其适应能力，同时也减少运输时间，苗木的根幅在 30cm ~ 40cm 之间为宜，并且注重植被的合理搭配，种植中林 46 号杨可以选择紫花优质苜蓿作为牧草。其次，要合理控制造林的密度。通常情况下，株行距以 3×8m 的布设密度为宜。再次，合理凿开沟槽和挖坑。对苗木进行栽植，通常会利用开沟犁凿开沟槽，沟槽的直径约为 40cm，然后根据植被的种类进行挖坑，以超过根茎为宜，该环节需要做好施肥工作，利用腐熟粪和磷酸二铵按比例拌匀置入坑内。最后，做好回填土。该环节是为了苗木尽快生根，固定在土壤中防止强风和暴雨造成的苗木死亡，在华北地区的林业培育要在冬季对土壤施浇冻水，在来年解冻时进行耙地处理。此外，要把握林业培育防治病虫害的最佳时间段，通常以虫卵孵化的春季为主。例如杨树的栽培生长期，在 5 月和 9 月份、10 月份要做好蓝皮病、溃疡病防治，而在 7~9 月则重点防治美国 2 代、美国 3 代白蛾虫害。

五、如何进行病虫害防治

（一）建设病虫害防治管理体系

以往在林业发展中，普遍重视对苗木的种植和管理，忽视对病虫害的防治，使林业资源遭到破坏。因此，首先要打造防治病虫害的体系，不断加强基础设施建设，设立林防标准站，在省级建立测报机构，下属乡镇建立测报点打造测报网络，全面提升防治能力。其次各地政府和林业部门要重视病虫害防治，根据当地林区历年遭受虫害情况，制定具体的防治措施，确保灭虫工具和设备齐全和人力充足，加强技术人员的思想意识和操作技能，尤其是积极配合省市级林业部门工作，做好防虫好灭虫工作。

（二）创新病虫害的防治技术

以往对病虫害防治主要采用物理防治和化学防治，随着生物防治技术的出现，为病虫害防治提供了多的选择。物理防治可以把已经遭受虫害的苗木和将要受到侵袭的树木隔离，以此避免病虫害范围的扩大，而使用化学防治措施是在栽培苗木后和苗木生长期会进行药剂的喷洒，进而防治、查杀虫卵和成虫。农业防治需要对苗木的虫枝、病枝清除，及时清理地上枯枝和落叶，避免虫卵滋生。生物防治主要利用自然规律，向林区投放益虫或者益鸟，杀死虫卵或者成虫害虫，因此在农药的使用上要选择对害虫天敌无伤害的药物。

（三）建设监测预警体系

在林业病虫害防治中的，利用"3S"技术可以对虫害的范围和移动情况进行监控，"3S"技术是地理信息系统遥感技术和全球定位系统的合称，将这些技术用于病虫害治理可以实现动态管理，包括病虫害的：发生期、数量、危害程度，这样就可以根据林业资源的经济效益和生态效益确定是否需要防治以及采用哪种防治手段，实现人力和物力的合理利用，有效保护林业资源。

综上所述，当前国家倡导"绿水青山就是金山银山"的理念，这体现出国家对林业资源保护更加重视，实现林业的培育不仅可以改善空气质量，保持生物多样性，还为社会发展提供了宝贵的资源，因此更实现了人与自然的和谐共生。此外，开展病虫害防治工作也使保护林业资源的有效措施，需要得到当地政府和林业部门的高度重视，在3s技术支持下综合利用物理技术、化学方法和生物措施，实现对我国林业资源的保护。

参考文献

[1] 曹明兰，张力小，王强，等.无人机遥感影像中行道树信息快速提取 [J]. 中南林业科技大学学报，2016，36（10）：89-93.

[2] 谢涛，刘锐，胡秋红，等.基于无人机遥感技术的环境监测研究进展 [J]. 环境科技，2013，26（4）：55-60，64.

[3] 林蔚红，孙雪钢，刘飞，等.我国农用航空植保发展现状和趋势 [J]. 农业装备技术，2014（1）：6-10，11.

[4] 吕立蕾.无人机航摄技术在大比例尺测图中的应用研究 [J]. 测绘与空间地理信息，2016，39（2）：116-118，122.

[5] 孙中宇，陈燕乔，杨龙，等.轻小型无人机低空遥感及其在生态学中的应用进展 [J]. 应用生态学报，2017，28（2）：528-536.

[6] 李德仁，李明.无人机遥感系统的研究进展与应用前景 [J]. 武汉大学学报（信息科学版），2014，39（5）：505-513，540.

[7] 张周威，余涛，孟庆岩，等.无人机遥感数据处理流程及产品分级体系研究 [J]. 武汉理工大学学报，2013，35（5）：140-145.

[8] 李法玲，刘琪璟，焦志敏，等.江西九连山保护区植被覆盖度遥感动态监测 [J]. 林业勘察设计，2015（1）：63-68，75.

[9] 马泽清，刘琪璟，徐雯佳，等.江西千烟洲人工林生态系统的碳蓄积特征 [J]. 林业科学，2007，43（11）：1-7.

[10]L O Wallace，A.Lucieer，C S Watson，et al.Assessing the feasibility of UAV-based lidar for high resolution forest change detection[C].//XXII ISPRS Congress 2012：Technical Commission VII：Melbourne（AU）.25 August-1 September，2012.2013：499-504.

[11] 史洁青，冯仲科，刘金成，等.基于无人机遥感影像的高精度森林资源调查系统设计与试验 [J]. 农业工程学报，2017，33（11）：82-90.

[12] 孙志超，杨雪清，李超，等.小型无人机非测量相机在林业调查中的应用研究 [J]. 林业资源管理，2017（2）：103-109.

[13]Garcia-Ruiz F，Sankaran S Maja J M，et al.Comparison of two aerial imaging platforms for identification of Huanglongbing-infected citrus trees.[J].Computers and Electronics in Agriculture，2013，91：106-115.

[14]张学敏.基于支持向量数据描述的遥感图像病害松树识别研究[D].合肥：安徽大学，2014.

[15]田晓瑞，代玄，王明玉，等.多气候情景下中国森林火灾风险评估[J].应用生态学报，2016，27（3）：769-776.

[16]白雪峰，王立明.森林火灾扑救类型划分及其特点规律研究[J].林业科技，2008，33（5）：32-34.

[17]Hinkley，E A，Zajkowski T.USDA forest service-NASA：Unmanned aerial systems demonstrations-pushing the leading edge in fire mapping[J].Geocarto international，2011，26（2）：103-111.

[18]张庆杰，郑二功，徐亮，等.森林防火无人机系统设计与林火识别算法研究[J].电子测量技术，2017，40（1）：145-150.

[19]何诚，张明远，杨光，等.无人机搭载普通相机林火识别技术研究[J].林业机械与木工设备，2015（4）：27-30.

[20]李杨，王冬，张战峰，等.西安市长安区湿地资源分布与特征分析[J].陕西林业科技，2016（5）：43-46.

[21]Zaman，B，J，Austin M，McKee，M，et al.Use of high-resolution multispectral imagery acquired with an autonomous unmanned aerial vehicle to quantify the spread of an invasive wetlands species[C].//2011 IEEE International Geoscience and Remote Sensing Symposium.[v.1].2011：803-806.

[22]李苒，基于低空无人机遥感的城市湿地植被调查与景观化研究[D].沈阳：沈阳农业大学，2016.

[23]周在明，杨燕明，陈本清，等.基于无人机遥感监测滩涂湿地入侵种互花米草植被覆盖度[J].应用生态学报，2016，27（12）：3920-3926.

[24]江西省林业厅.省林业规划院成功将无人机航拍技术应用于项目外业调查[EB/OL]./http/www.jxly.gov.cn/id_402848b75b3c2aa3015b88873eee068b/news.shtml.

[25]毕凯，李英成，丁晓波，等.轻小型无人机航摄技术现状及发展趋势[J].测绘通报，2015（3）：27-31，48.